21世纪高等学校计算机规划教材

大学计算机基础一级实训教程

第2版 | Windows 10+Office 2016

● **主编** 孙勤红 沈凤仙

● **副主编** 刘定一

人民邮电出版社

北 京

图书在版编目（CIP）数据

大学计算机基础一级实训教程：Windows 10+Office 2016 / 孙勤红，沈凤仙主编. -- 2版. -- 北京：人民邮电出版社，2021.3（2023.7重印）
21世纪高等学校计算机规划教材
ISBN 978-7-115-55623-3

Ⅰ. ①大… Ⅱ. ①孙… ②沈… Ⅲ. ①Windows操作系统－高等学校－教材②办公自动化－应用软件－高等学校－教材 Ⅳ. ①TP316.7②TP317.1

中国版本图书馆CIP数据核字(2020)第252424号

内 容 提 要

本书根据《全国计算机等级考试一级 MS Office 考试大纲（2021 年版）》编写，旨在提升大学生计算机实际操作能力。本书主要内容包括 Windows 10 操作系统、Word 2016 的功能与使用、Excel 2016 的功能与使用、PowerPoint 2016 的功能与使用、计算机基础知识、计算机硬件系统的组成和功能、计算机软件系统、因特网基础与简单应用等。

大学生通过本书可以对计算机的基本概念、计算机原理、多媒体应用技术和网络知识等有全面、清楚的了解和认识，并能够熟练掌握 Windows 10 操作系统和 Office 2016 办公软件的操作和应用，同时拓展知识面，培养计算机应用能力和解决问题的能力。

本书可以作为各类高校及计算机培训机构的一级 MS Office 教学用书，也可以作为计算机爱好者实用的自学参考书。

◆ 主　　编　孙勤红　沈凤仙
　　副 主 编　刘定一
　　责任编辑　王　平
　　责任印制　王　郁　马振武
◆ 人民邮电出版社出版发行　　北京市丰台区成寿寺路 11 号
　　邮编　100164　　电子邮件　315@ptpress.com.cn
　　网址　https://www.ptpress.com.cn
　　北京隆昌伟业印刷有限公司印刷
◆ 开本：787×1092　1/16
　　印张：14.25　　　　　　　　　　2021 年 3 月第 2 版
　　字数：365 千字　　　　　　　　2023 年 7 月北京第 8 次印刷

定价：45.00 元
读者服务热线：(010)81055256　印装质量热线：(010)81055316
反盗版热线：(010)81055315
广告经营许可证：京东市监广登字 20170147 号

前言 PREFACE

计算机在人们工作和生活中的应用范围越来越广。使用计算机进行信息处理已成为大学生必备的基本能力。本书结构安排和内容编写均以提升大学生计算机应用能力为目标，所介绍的操作系统和办公应用软件版本选用了最新的全国计算机等级考试大纲要求的版本。本书不仅满足大学生计算机等级考试的需求，而且能够帮助大学生在专业领域中使用计算机和运用计算思维解决问题奠定良好的基础。

本书的作者具有较丰富的一线教学经验，长期从事计算机类课程的教学，在教学方法、教学手段上做了深入思考，同时对全国计算机等级考试的考点和考法非常熟悉。为了更适合教学以及大学生自学，本书分为实践操作篇（第 1～4 章）和理论知识篇（第 5～8 章，其中 8.3 节因特网应用和 8.4 节电子邮件是操作考查）。本书具有以下特色。

实践操作篇特色

- 实践操作以实例为引线，抓住主要知识点并将其串接起来，使大学生能在纷繁的知识中迅速抓住主线进行学习。

- 实例具有连贯性，由浅入深、由易到难。

- 每一章节后配有实训操作题，既考虑到巩固实例教学中介绍的知识点，又不完全是实例的翻版，让大学生自行探索，培养其发散思维，即举一反三的能力。

- 操作讲解图文并茂，文字叙述力求简明扼要，在图上直接标注操作步骤，免去一会儿看图一会儿看操作步骤中文字叙述的麻烦，适合大学生在实践过程中自学。

理论知识篇特色

- 理论部分对计算机的常见知识进行介绍，对与实际使用密切相关的内容进行讲解。

- 对全国计算机等级考试的考点进行提炼和精简，让大学生能够迅速把握重点。

- 每一小节配有真题解析，可以让大学生了解该部分知识的考试重点是什么，同时每章后配有全国计算机等级考试真题，大学生可以进行实练。

本书由孙勤红、沈凤仙任主编，刘定一任副主编，其中第 1～2 章和第 4 章由沈凤仙编写，第 3 章和第 8 章由刘定一编写，第 5～7 章和附录 1～3 由孙勤红编写，全书由孙勤红统稿。在本书的编写过程中，很多老师做了大量工作，提出了很多宝贵的建议，在此表示感谢。

编者
2021 年 1 月

目录 CONTENTS

实践操作篇

理论知识篇

实践操作篇

Windows 10 操作系统

1. 了解计算机软、硬件系统的组成，掌握硬件主要技术指标。
2. 熟悉操作系统的基本概念、功能、组成及分类。
3. 了解 Windows 操作系统的基本概念和常用术语，文件、文件夹、库等。
4. 熟悉 Windows 操作系统的基本操作和应用。
（1）了解桌面外观的设置，基本的网络配置。
（2）熟练掌握资源管理器的操作与应用。
（3）掌握文件、磁盘、显示属性的查看、设置等操作。
（4）了解中文输入法的安装、删除和选用。
（5）掌握检索文件、查询程序的方法。
（6）了解软、硬件的基本系统工具。
    文件与文件夹的创建、移动、复制、删除、重命名、查找、建立快捷方式和属性设置等是重点考查内容。

1.1 Windows 10 操作系统基础知识

本考点在考试过程中不直接考查，但这是依据考纲要求必须掌握的知识。

1.1.1 基本概念

Windows 10 操作系统（以下简称 Windows 10）在使用过程中经常涉及的概念如下。

1. 应用程序

Windows 10 是一个可完成指定功能的计算机程序。在 Windows 10 中的画图工具、计算器、用户安装的 QQ 聊天工具、迅雷下载工具等都是应用程序。

2. 文件

文件是 Windows 10 最基本的管理单位。一首歌、一部电影、一张图片都可以是一个文件。一个程序也是由很多文件组成的。

文件名由文件主名和扩展名两个部分组成，如 QQ.exe，由文件主名 QQ 和扩展名.exe 两个部分组成，英文脚点作为分隔符。扩展名的作用是区分文件的类型。常见文件的扩展名及其文件类型和关联的应用程序，如表 1-1 所示。

表 1-1　　　　　　　　　　　常见文件的扩展名、文件类型和关联的应用程序

扩展名	文件类型	关联的应用程序
.exe、.com	可执行文件	无须关联程序，自动执行
.txt	文本文件（纯文本）	Windows 中的记事本
.docx、.xlsx、.pptx	MS Office 文档文件	MS Office 中的 Word、Excel、PowerPoint
.bmp、.jpg、.gif	图像文件	Windows 中的画图程序，ACDSee、Photoshop
.wmv、.rm、.rmvb	视频文件	暴风影音等媒体播放软件
.wav、.mp3、.mid	声音文件	Winamp、千千静听等多媒体播放软件
.zip、.rar	压缩文件	WinRAR、WinZip 等压缩解压工具

3．文件夹

文件夹的作用：存放下一级文件夹和各种不同类型的文件。

由于各级文件夹之间有互相包含的关系，使得所有文件夹构成树状结构（层次结构），又称"文件夹树"。文件夹可以分成"库""计算机"等，在"计算机"下又可分为"硬盘"和"可移动设备"等。可通过【文件资源管理器】管理各级文件和文件夹。

4．命名文件或文件夹应注意的问题

（1）命名文件或文件夹时，不允许使用的符号有<、>、/、\、|、:、"、*、?等。

（2）在 Windows 10 中，文件或文件夹的名字是不区分大小写的，如文件夹 abc 和文件夹 ABC 是指同一文件夹。

（3）在同一目录（文件夹）下不能同时出现文件名相同的文件或文件夹。

1.1.2　基本操作

1．操作鼠标的方法

Windows 10 的鼠标操作主要有单击、右击、双击和滚轮滑动等。下面列出常见鼠标操作的方法和名称。

指向：移动鼠标指针指向某一个对象。

单击：按下鼠标左键并迅速释放。通常用来选定一个图标、文件或菜单项等。

双击：快速地连续按鼠标左键两次。通常是用来打开（运行）一个程序或者文件。

三击：快速地连续按鼠标左键三次。

右击：单击鼠标右键，通常会弹出快捷菜单。

拖动：指向某对象，按住鼠标左键的同时移动鼠标，当对象移到目的地时松开鼠标左键。

在不同的情况下，鼠标操作代表的意义不一样，要依据具体情况而定。

2．Windows 10 桌面

Windows 10 桌面如图 1-1 所示。

（1）任务栏。

任务栏是位于屏幕底部的水平长条，与桌面不同的是，桌面可以被打开的窗口覆盖，而任务栏几乎始终可见。任务栏由下述三个主要部分组成。

【开始】按钮：用于打开【开始】菜单。

中间部分：显示已打开的程序和文件，单击这些程序或文件的图标，可以在它们之间进行快速切换。

通知区域：包括时钟以及一些告知特定程序和计算机设置状态的图标。

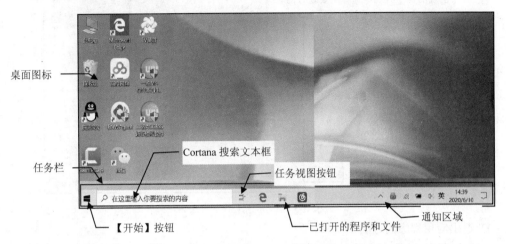

图 1-1　Windows 10 桌面

（2）【开始】菜单。

【开始】菜单由底部搜索文本框、左侧大窗格程序列表以及右侧窗格三个主要部分组成。各部分的主要功能如图 1-2 所示。

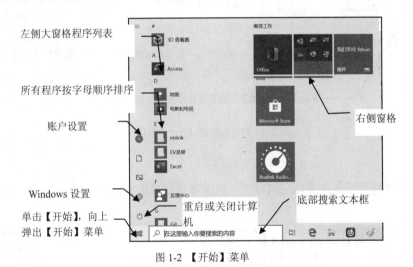

图 1-2　【开始】菜单

3．应用程序的相关操作

（1）启动应用程序的方法。

在 Windows 10 中，启动应用程序一般有三种方法，如图 1-3 所示。

（2）改变应用程序窗口。

当打开某应用程序时，该程序窗口通常会"最大化"充满整个桌面。如果同时运行多个应用程序（打开多个窗口），桌面会很混乱，可以通过【向下还原】、【最小化】等按钮调整窗口，以达到"净化"桌面的目的，具体操作方法如图 1-4 所示。

方法 1：单击【开始】菜单中所列程序，在出现的程序列表中选择所要运行的程序，或在高频区找到要运行的程序

方法 2：单击【Windows 系统】下的【运行】，在【运行】对话框中选择或输入应用程序所在的文件夹和名称

方法 3：如果 Windows 桌面上已有应用程序的快捷方式，可双击相应快捷方式的图标

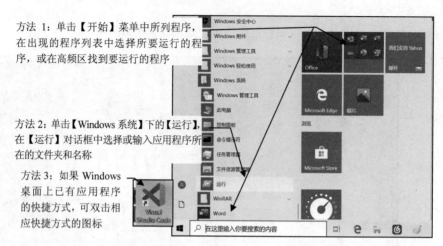

图 1-3　启动应用程序的方法

（3）退出应用程序的方法。

退出应用程序，即终止程序的运行。退出应用程序通常有两种方法，最常见的方法是单击应用程序窗口右上角的【×】按钮，如图 1-4 所示；还可以执行应用程序中提供的【退出】命令退出。

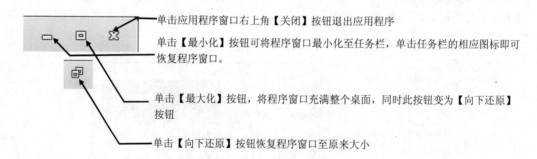

单击应用程序窗口右上角【关闭】按钮退出应用程序

单击【最小化】按钮可将程序窗口最小化至任务栏，单击任务栏的相应图标即可恢复程序窗口。

单击【最大化】按钮，将程序窗口充满整个桌面，同时此按钮变为【向下还原】按钮

单击【向下还原】按钮恢复程序窗口至原来大小

图 1-4　应用程序窗口右上角按钮介绍

注意

如果由于某些原因无法关闭应用程序，就需要强制退出正在运行的程序，操作方法如图 1-5 所示。

① 按组合键【Ctrl+Alt+Delete】或将鼠标指针指向任务栏空白处右击→【启动任务管理器】，出现【任务管理器】窗口

② 选择【进程】选项卡

③ 选中要结束的应用程序

④ 单击【结束任务】按钮

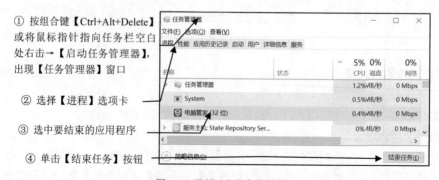

图 1-5　强制退出程序的操作

1.2 文件和文件夹的管理

常见考点：1. 文件（文件夹）的选定与打开；2. 文件（文件夹）的新建与重命名；3. 文件（文件夹）的搜索；4. 文件（文件夹）的复制与移动；5. 文件（文件夹）的属性设置；6. 文件（文件夹）快捷方式的建立；7. 文件（文件夹）的删除。

文件和文件夹的管理是通过文件资源管理器来实现的。

1.2.1 启动与关闭【文件资源管理器】

【例 1-1】 打开【文件资源管理器】。

操作步骤

打开【文件资源管理器】的方法很多，常见的两种方法如图 1-6 所示。

方法 1：双击桌面上的【此电脑】图标

方法 2：右击【开始】，选择【文件资源管理器】

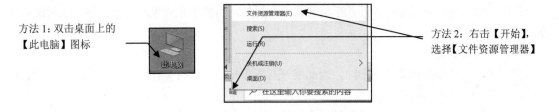

图 1-6 打开【文件资源管理器】的方法

1.2.2 【文件资源管理器】窗口

1.【文件资源管理器】窗口组成

【文件资源管理器】窗口一般可分为地址栏、菜单栏、左侧的列表区、右侧的内容区以及底部的状态区等，其部分内容与 Windows 7 界面相似。

（1）窗口左侧的列表区。

窗口左侧的列表区包含快速访问、OneDrive、此电脑和网络等几大类资源。当浏览文件时，可以快速定位文件所在位置。

（2）窗口右侧的内容区。

窗口右侧的内容区详细列出了每个文件或文件夹的名称、修改日期、类型、大小，在空白处右击，将鼠标指针指向【查看】选项卡，可选择多样化的视图模式，如选【超大图标】、【大图标】等视图模式，特别便于用户预览缩略图。而选择【详细信息】则如图 1-7 所示，特别便于用户了解每个文件或文件夹的详细信息和对其进行操作，本节即以此模式介绍文件或文件夹的操作。

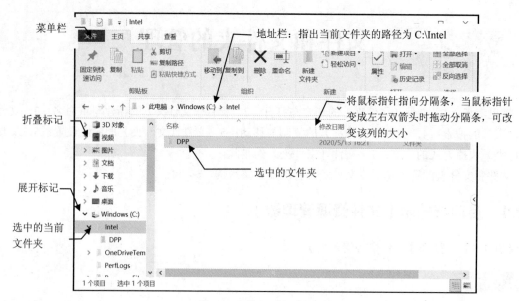

菜单栏

地址栏：指出当前文件夹的路径为 C:\Intel

折叠标记

将鼠标指针指向分隔条，当鼠标指针变成左右双箭头时拖动分隔条，可改变该列的大小

展开标记

选中的文件夹

选中的当前文件夹

图 1-7　文件资源管理器窗口

（3）菜单栏。

提供了对文件或文件夹操作的几乎所有命令。另外，当选中某对象时右击，将出现对此对象操作的常用命令。

（4）展开或折叠标记。

由于选择的桌面的视觉效果不同，因此展开与折叠标记的形状会有所不同，向右大于号表示折叠，向下大于号表示展开。

此标记为开关标记，即如果当前是折叠，单击则变为展开，反之亦然。

2．设置文件夹选项

【例 1-2】　在【文件资源管理器】中设置文件夹选项，要求能够显示具有隐藏属性的文件和文件夹，并能显示已知文件类型的扩展名。

说明

Windows 默认的设置是【不显示隐藏的文件、文件夹和驱动器】以及选中【隐藏已知文件类型的扩展名】，因此在【文件资源管理器】中文件类型的扩展名是不显示的，具有"隐藏"属性的文件、文件夹也是看不到的。

为便于对已经具有隐藏属性的文件、文件夹或者指定扩展名的文件进行操作，就要在【文件夹选项】对话框中改变此两项设置。

操作步骤

操作步骤如图 1-8 所示。

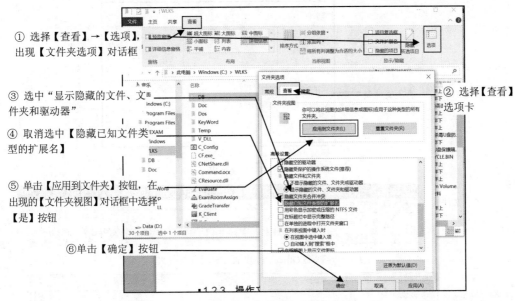

① 选择【查看】→【选项】，出现【文件夹选项】对话框

② 选择【查看】选项卡

③ 选中"显示隐藏的文件、文件夹和驱动器"

④ 取消选中【隐藏已知文件类型的扩展名】

⑤ 单击【应用到文件夹】按钮，在出现的【文件夹视图】对话框中选择【是】按钮

⑥单击【确定】按钮

图 1-8　修改文件夹选项步骤

1.2.3　操作文件和文件夹

由于文件或文件夹的复制、移动、删除、重命名以及查看属性等操作基本相同，因此在以下例题中只选文件或文件夹之一加以介绍。

关于考生文件夹的说明如下。

以下所有例题均以考生文件夹作为操作文件夹，所有操作生成的文件或文件夹均应存放在此考生文件夹中，各种不同的练习（或考试）软件环境下的考生文件夹举例如下。

（1）用本书配套资源中的练习素材。比如将第 1 章素材文件夹中的 1.2 文件夹复制到你的计算机的 F 盘中准备练习时，例题中所指的考生文件夹就是 F 盘的 1.2 文件夹，所有操作就应该在此文件夹中完成，如图 1-9（a）所示。

（2）全国计算机等级考试一级 MS Office 考试环境。在"答题要求"窗口左上角列出考生文件夹的说明，考试时所有生成的文件或文件夹均应存放在此文件夹中，如图 1-9（b）所示。

（3）如果是在某种练习软件比如"万维考试系统"中做练习题。题目界面中"答题说明"指定的当前试题文件夹，如"F:\Exam\SUA0001\Win\437"中的 437 文件夹就对应了例题所指的考生文件夹，所有操作就应该在此文件夹中完成，如图 1-9（c）所示。

预备工作

参照【例 1-6】，将配套资源中第 1 章素材\1.2 文件夹复制到 F 盘中（如无 F 盘，则可选其他盘如 E 盘），以下例题中所指考生文件夹即为 F 盘（或 E 盘）中的 1.2 文件夹。

如果是在练习软件比如"万维考试系统"中做练习题，不需复制文件夹，只要注意所有操作一定要在当前试题文件夹（参见图 1-9（c））中完成。

1．创建文件夹

【例 1-3】　在考生文件夹下的 Xa 文件夹中新建一个 BRNG 文件夹。

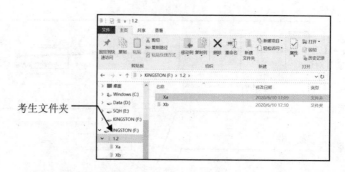

（a）F 盘的考生文件夹

考生文件夹

（b）一级 MS Office 考试界面中的考生文件夹

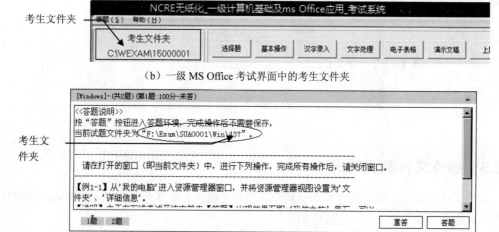

（c）"万维考试系统"中的考生文件夹

图 1-9　关于考生文件夹的说明

操作步骤

创建文件夹操作如图 1-10 所示。

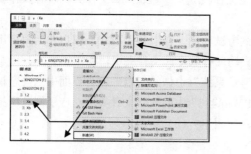

② 在空白处右击，选择【新建】→【文件夹】，或单击【新建文件夹】，出现【新建文件夹】文本框，如图 1-10（b）所示

① 选中待建文件夹的上一级 Xa 文件夹

（a）选择【新建文件夹】

③删除框内文字　④输入"BRNG"，单击框外任意处结束　⑤ 结果如图所示

（b）输入文件夹名

图 1-10　创建文件夹

【例 1-4】 在考生文件夹下 XA\BRNG 文件夹中进行以下操作。

（1）创建名为 TEST.txt 的文件。（2）创建名为 DAN.docx 的文件。

操作步骤

创建文件操作如图 1-11 所示。

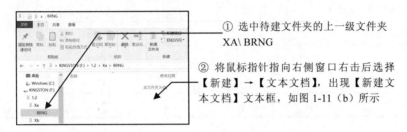

① 选中待建文件夹的上一级文件夹 XA\ BRNG

② 将鼠标指针指向右侧窗口右击后选择【新建】→【文本文档】，出现【新建文本文档】文本框，如图 1-11（b）所示

（a）选择【新建】

③单击框内部分

④输入"TEST"，不要删除扩展名".txt"！单击框外任意处结束，结果如图 1-11（c）所示

（b）输入文件名

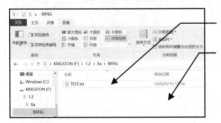

创建的 TEST.txt 文本文件

⑤ 将鼠标指针指向右侧窗口，右击空白区域后选择【新建】→【Microsoft Word 文档】，出现【新建 Microsoft Word 文档】文本框，如图 1-11（d）所示

（c）创建 Word 文档

⑥ 单击框内部分，输入"DAN"，不要删除扩展名".docx"！单击框外任意处结束，结果如图 1-11（d）所示右图

（d）输入 Word 文档名称

图 1-11　创建文本文档和 Word 文档

2．搜索文件或文件夹

【例 1-5】 搜索考生文件夹下所有文件名中第 2 个字符为"X"的文件。

说明

在对文件或文件夹进行操作时，使用文件名通配符可以批量处理文件，文件名通配符包括"*"和"?"，其具体规定是：问号（?）表示 1 个字符位置上字符的任意内容；星号（*）表示任意个（或任意长度）字符位置上字符的任意内容。

常见搜索文件的方法示例如表 1-2 所示。

表 1-2 常用搜索文件的方法示例

搜索对象说明	通配符表示
搜索所有第 1 字符（首字符）为 A 的文件、文件夹	A*.*
搜索所有扩展名为.exe 的文件、文件夹	*.exe
搜索所有首字符为 B 的文本文件	B*.txt
搜索所有 Word 文档	*.docx
搜索所有第 3 字符为 B 的 PPT 文件	??B*.ppt
搜索所有文件、文件夹	*.*

操作步骤

搜索第 2 个字符为 X 的文件的操作如图 1-12 所示。

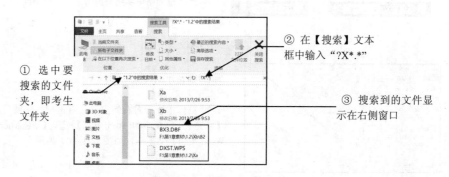

图 1-12　搜索文件、文件夹

3．复制文件或文件夹

【例 1-6】　搜索考生文件夹下以字母 M 开头的 DLL 文件，然后将其复制到考生文件夹下的 Xa 文件夹中。

操作步骤

搜索并复制文件的操作如图 1-13 所示。

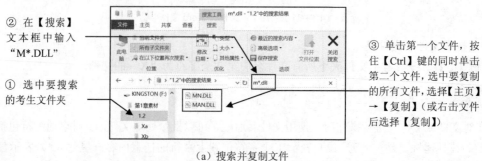

（a）搜索并复制文件

图 1-13　复制文件或文件夹

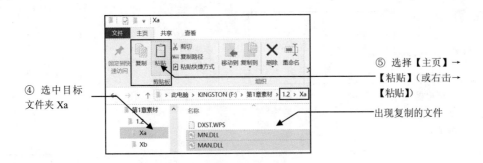

④ 选中目标
文件夹 Xa

⑤ 选择【主页】→
【粘贴】(或右击→
【粘贴】)

出现复制的文件

（b）粘贴文件

图 1-13　复制文件或文件夹（续）

说明

（1）选中多个文件、文件夹的方法：先单击第 1 个文件、文件夹，按住【Ctrl】键的同时单击其他要选中的文件、文件夹。如果要选中的文件、文件夹是连续排放的，则可先单击第 1 个文件或文件夹，按住【Shift】键的同时单击最后 1 个文件或文件夹。

（2）复制、粘贴操作除了使用编辑菜单命令、右击选择快捷菜单命令外，还可以用组合键【Ctrl+C】（复制）、【Ctrl+V】（粘贴）实现。组合键【Ctrl+C】的操作方法：按住【Ctrl】键不放，再按【C】键，然后放开两键。【Ctrl+V】的操作方法类同。

4．移动文件或文件夹

【例 1-7】　将考生文件夹下的 Xb\B2 文件夹移动到考生文件夹下的 Xa 文件夹中。

操作步骤

移动文件夹的操作如图 1-14 所示。

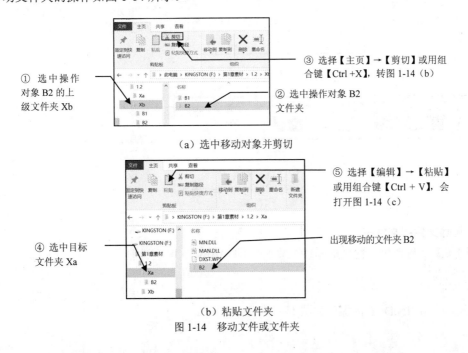

① 选中操作对象 B2 的上级文件夹 Xb

② 选中操作对象 B2 文件夹

③ 选择【主页】→【剪切】或用组合键【Ctrl +X】，转图 1-14（b）

（a）选中移动对象并剪切

④ 选中目标文件夹 Xa

⑤ 选择【编辑】→【粘贴】或用组合键【Ctrl + V】，会打开图 1-14（c）

出现移动的文件夹 B2

（b）粘贴文件夹

图 1-14　移动文件或文件夹

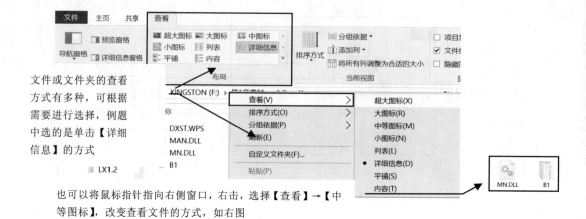

文件或文件夹的查看方式有多种，可根据需要进行选择，例题中选的是单击【详细信息】的方式

也可以将鼠标指针指向右侧窗口，右击，选择【查看】→【中等图标】，改变查看文件的方式，如右图

（c）改变查看方式

图 1-14　移动文件或文件夹（续）

5．重命名文件或文件夹

【例 1-8】　将考生文件夹\Xb\B1\DP2.TXT 文件重命名为 QQQ.TXT。

操作步骤

重命名文件的操作如图 1-15 所示。

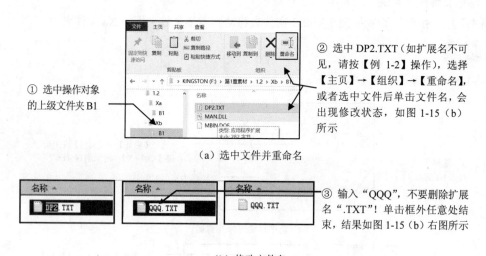

① 选中操作对象的上级文件夹 B1

（a）选中文件并重命名

② 选中 DP2.TXT（如扩展名不可见，请按【例 1-2】操作），选择【主页】→【组织】→【重命名】，或者选中文件后单击文件名，会出现修改状态，如图 1-15（b）所示

③ 输入 "QQQ"，不要删除扩展名 ".TXT"！单击框外任意处结束，结果如图 1-15（b）右图所示

（b）修改文件名

图 1-15　重命名文件或文件夹

6．删除文件或文件夹

【例 1-9】　将考生文件夹\Xb\B1 文件夹中的 MBIN.DOF 文件删除。

操作步骤

删除文件 MBIN.DOF 的操作如图 1-16 所示。

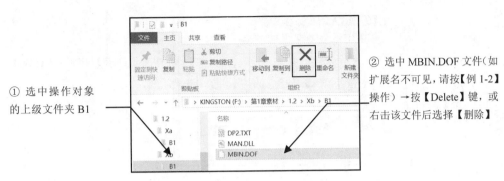

图 1-16　删除文件或文件夹

7. 设置文件或文件夹的属性

【例 1-10】　将考生文件夹下所有文件名中第 2 个字符为"X"的文件的属性设置为"隐藏"。

操作步骤

设置文件属性的操作如图 1-17 所示。

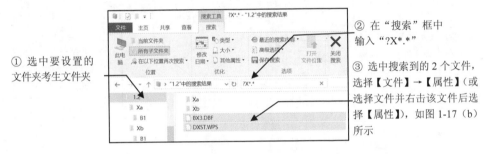

（a）搜索文件并选属性命令

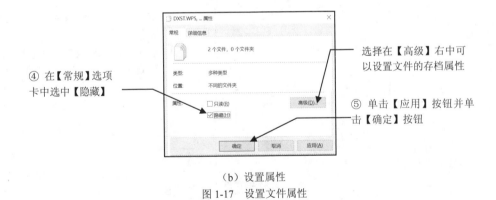

（b）设置属性

图 1-17　设置文件属性

【例 1-11】　搜索考生文件夹下扩展名为.c 的文件，将其【隐藏】属性取消，并设置为【只读】。

操作步骤

设置文件属性的操作如图 1-18 所示。如在搜索时未能搜索到.c 文件，请在"查看"窗口显示所有的文件和文件夹。

① 在【常规】选项卡中，取消【隐藏】并选中【只读】

② 单击【应用】按钮后单击【确定】按钮

图 1-18 设置文件属性

8．创建文件或文件夹的快捷方式

【例 1-12】   搜索考生文件夹下的 B1 文件夹，为其建立一个名为"文件夹 B"的快捷方式，并存放在考生文件夹下。

操作步骤

创建快捷方式的操作如图 1-19 所示。

② 选择【主页】→【复制】（或右击该文件夹后选择【复制】），转图 1-19(b)

① 搜索考生文件夹中要创建快捷方式的文件夹 B1，并选中它

（a）搜索创建对象并复制

③ 选中存放快捷方式的考生文件夹

④ 选择【主页】→【剪贴板】→【粘贴快捷方式】（或指向右侧窗口，右击空白处后选择【粘贴快捷方式】），出现名为"B1-快捷方式"的文件

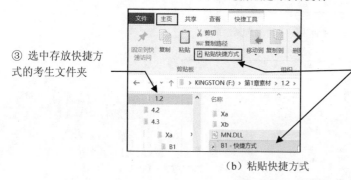

（b）粘贴快捷方式

⑤ 选中该快捷方式，右击后选择【重命名】，修改文件名为"文件夹 B"

快捷方式"文件夹 B"

（c）修改快捷方式名称

图 1-19 创建快捷方式

说明

事实上，快捷方式也是一个文件，因此，快捷方式重命名和删除的方法可分别参见【例 1-8】和【例 1-9】。

练习 1.2

预备工作

将配套资源中第 1 章素材\LX1.2 文件夹中的所有文件夹复制到 F 盘中（如无 F 盘，则可选其他，如 E 盘），以下练习中所指考生文件夹即 F 盘（或 E 盘）的 LX1.2 文件夹中文件夹名与题号一致的文件夹。如第 1 题所指的考生文件夹即名为 1 的文件夹。

如果是在练习软件比如"万维考试系统"中做练习题，就不需复制文件夹，只需注意所有操作一定要在当前试题文件夹（参见图 1-9（c））中完成。

（1）在考生文件夹下的 QUE 文件夹中新建一个 XUE 文件夹，并在新建的 XUE 文件夹中创建名为 TAK.DOCX 的文件。

（2）在考生文件夹下分别建立 HUA 和 WEN 两个文件夹；在 HUA 文件夹中创建名为 DBP.TXT 的文件；搜索考生文件夹下的 HELLO.TXT 文件，然后将其复制到 WEN 文件夹中。

（3）搜索考生文件夹下的 TOOL.DBF 文件，将其重命名为 MAHF.DBF。

（4）将考生文件夹下的 ERPO 文件夹中的 DONG.DAT 文件移动到考生文件夹下，并重命名为 DA.DAT。

（5）将考生文件夹下的 BDF\CAD 文件夹移动到考生文件夹下的 SCREEN 文件夹中，并将该文件夹重命名为 EXCE。

（6）搜索考生文件夹下的 WAVY.DOCX 文件，然后将其复制到考生文件夹下的 XIAO 文件夹中。

（7）搜索考生文件夹下第三个字母是 D 的所有文本文件，将其移动到考生文件夹下的 JAN\TXT 文件夹中。提示：参见 1.2 节【例 1-5】的说明。

（8）搜索考生文件夹下第一个字母为 F 的所有文本文件，然后将其删除。

（9）搜索考生文件夹下的 CAPP.WRI 文件，然后将其属性设置为"只读"。

（10）将考生文件夹下的 KEEN 文件夹属性设置成"隐藏"。

说明：其他设置全部选择默认。

（11）为考生文件夹下的 BLUE\HUO 文件夹建立名为 HUO 的快捷方式，并存放在 QUE 文件夹下。

（12）为考生文件夹下 SCREEN 文件夹中的 PENCEL.BAT 文件建立名为 PEN 的快捷方式，并存放在考生文件夹下。

（13）为考生文件夹下的 BDF 文件夹建立名为 BB 的快捷方式，并存放在考生文件夹下的 XIAO 文件夹中。

（14）将考生文件夹下 BENA 文件夹中的 PRODUCT.WRI 文件的"隐藏"和"只读"属性取消，并设置为存档属性。

提示：设置为存档属性的方法：选择"属性"窗口中的【高级】按钮，在出现的【高级属性】对话框中选中【可以存档文件】，如图 1-17（b）所示。

以下选做。

（15）将考生文件夹下 BLUE 文件夹中的文件 FX.DOCX 复制到同一文件夹下，并将其命名为 SYAD.DOCX。

提示：在同一文件夹复制文件时，新文件名后会有"-副本"，只需将其改为所需文件名即可。

第2章 Word 2016 的功能与使用

大纲要求

1. 了解 Word 的基本概念、Word 的基本功能和运行环境、Word 的启动和退出。

2. 掌握文档的创建、打开、输入、保存等基本操作。

3. 熟练掌握文本的选定、插入与删除、复制与移动、查找与替换等基本编辑技术；认识多窗口和多文档的编辑。

4. 熟悉字体格式设置、段落格式设置、文档页面设置、文档背景设置和文档分栏等基本排版技术。

5. 掌握表格的创建、修改；熟悉表格的修饰；掌握表格中数据的输入与编辑；熟练操作数据的排序和计算。

6. 掌握图形和图片的插入、图形的编辑；了解文本框、艺术字的使用和编辑。

7. 了解文档的保护和打印。

文本的查找与替换、字符格式和段落格式设置、页面设置、特殊格式设置（边框和底纹，项目符号、编号，首字下沉、分栏）、表格设置（文字转换为表格、表格行和列的添加与删除、单元格的合并与拆分、行高与列宽、内外边框线和底纹、公式计算和排序）等是考核的重点。

2.1 Word 的启动、运行和使用

2.1.1 启动与关闭 Word

【例 2-1】 Word 的启动与关闭（退出）。

操作步骤

启动 Word：在 Windows10 桌面，选择【开始】→【Word】，出现 Word 窗口，如图 2-1 所示。

关闭 Word：在 Word 窗口中，选择【文件】→【退出】，按屏幕提示操作。

说明

（1）启动 Word 的方法如下。

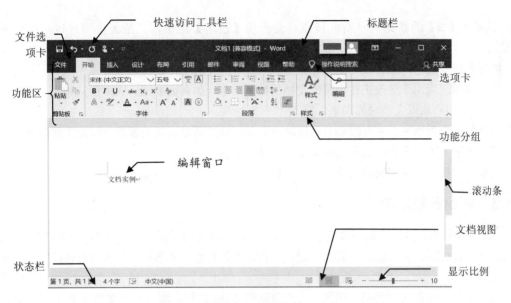

图 2-1 Word 窗口

选择【开始】→【Word】（已经在开始菜单中设置的前提下）（参见【例 2-1】）。

如果 Windows10 桌面上有 Word 快捷方式，双击 Word 快捷方式。

通过 Windows 10 的"计算机"找到要打开的 Word 文件，双击该文件，这时与文件关联的 Word 程序被打开，同时打开了该 Word 文件。这种方式也是打开已有 Word 文件的常见方法。

（2）退出 Word 的方法如下。

在 Word 窗口中，选择【文件】→【关闭】。

单击 Word 窗口右上方的【×】按钮，这是最常用的方法。

2.1.2 Word 窗口介绍

如图 2-1 所示，Word 窗口主要由标题栏、快速访问工具栏、文件选项卡、功能区、编辑窗口、文档视图、滚动条、显示比例、状态栏等组成。

标题栏 标题栏位于 Word 2016 操作界面的最顶端，显示正在编辑的文档的文件名，还包括功能区显示的选项按钮以及右侧窗口的控制按钮组。如文档 2.docx- Word，文档默认的扩展名为.docx。

快速访问工具栏 常用命令位于此处，显示了一些常用的工具按钮，如【保存】和【撤销】。用户可以在此处添加个人常用命令，以提高访问速度。

文件选项卡 该选项卡中的内容与 Office 其他版本的【文件】菜单类似，包含的基本命令有【新建】、【打开】、【关闭】、【另存为】、【选项】以及【打印】等。

功能区 工作时需要用到的命令位于此处。Word 2016 默认包含了 9 个功能选项卡，单击任一选项卡可打开对应的功能区，单击其他选项卡可分别切换到相应的功能区。

Word 2016 的功能区操作与早期版本的 Word 的区别之处：处于功能区第一行位置，类似菜单的是选项卡，单击每个选项卡，将会出现相应的命令按钮，并按照按钮的功能分成若干组，各组以竖线分割，组的名称显示在栏目的下方。

如图 2-1 所示，【开始】选项卡下有【剪贴板】、【字体】、【段落】、【样式】、【编辑】等组，而在每个组如【编辑】组中列出相应的【查找】、【替换】、【选择】等工具按钮，有的组如【段落】右侧有个形如【↘】的按钮，单击此按钮将会出现【段落】对话框，给提供用户进行更精细的设置。

编辑窗口　是用户进行文档输入、编辑、修改等操作的工作区域。

文档视图　可用于更改正在编辑的文档的显示类型（如页面视图、Web 版式视图、阅读视图等），以符合用户编辑文档时的需求。

滚动条　分为水平、垂直滚动条。拖动滚动条可以滚动显示超出屏幕范围的文档内容。

缩放级别　可用于更改正在编辑的文档的显示比例。

状态栏　显示正在编辑的文档的相关信息。

2.1.3　Word 视图类型

（1）页面视图。页面视图下显示的文档与打印出来的文档样式相同，即"所看即所得"。页面视图适合对页边距、文本框、页眉和页脚、分栏、各种对象（如图片）等内容进行排版操作，是最常用的视图。

（2）Web 版式视图。利用该视图，用户可以在 Word 编辑环境下查看文档在 Web 浏览器中的效果。

（3）阅读视图。在此版式中，除菜单栏以外的各种工具栏都是关闭状态，屏幕最大限度地显示出文档，以便阅读。

2.2　文档的基本操作

预备工作

将配套资源中第 2 章素材\2.1 文件夹复制到 F 盘中（如无 F 盘，则可选其他盘，如 E 盘），以下例题中所指的考生文件夹即 F 盘（或 E 盘）中的 2.1 文件夹。

如果是在练习软件如"万维考试系统"中做练习题，就不需复制文件夹，只需注意所有操作一定要在当前试题文件夹（参见图 1-9（c））中完成。

1．创建和保存文档

【例 2-2】　在考试文件夹下，创建一个空白文档，并以文件名 Word1.docx 保存。

操作步骤

方法 1：参见第 1 章【例 1-4】中的方法，在"文件资源管理器"窗口左侧选中考生文件夹，将鼠标指针指向右侧窗口，右击空白区域后选择【新建】→【Microsoft Word 文档】，在出现的【新建 Microsoft Word 文档】文件名文本框中将文件名改为 Word1，不要删除扩展名.docx，单击框外任意处结束修改。

方法 2：参照例【2-1】的方法打开 Word 文档，打开的同时新建一个空白文档，选择【文件】→【另存为】，双击【这台电脑】，出现【另存为】对话框，"另存为"对话框中的操作如图 2-2 所示。

2．打开和保存文档

【例 2-3】　在考生文件夹下，打开文档 Word2.docx，按照以下要求完成操作。

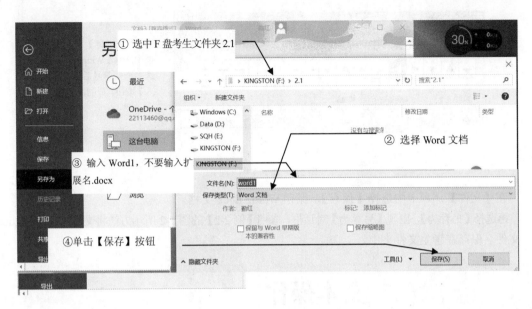

图 2-2 【另存为】对话框中的操作

（1）将文档内容修改如下。

> 虚拟局域网技术
> ▶校园网覆盖办公楼、教学楼、学生宿舍楼等——规模较大。

（2）以该文件名（Word2.docx）保存文档。（3）以 Word_2.docx 为文件名保存文档。

操作步骤

打开 Word2.docx，编辑的操作如图 2-3 所示。

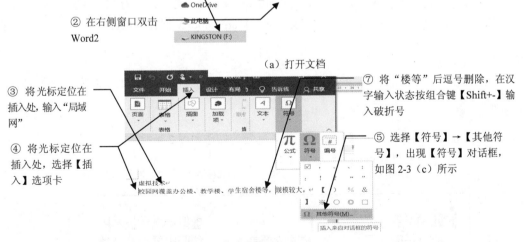

图 2-3 编辑文档

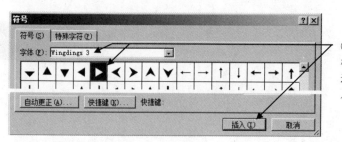

⑥ 在【字体】下拉列表框中选择【Wingdings 3】，选中所需符号后单击【插入】按钮，返回图 2-3（b）

（c）插入符号

图 2-3　编辑文档（续）

在【文件】选项卡中选择【保存】，保存 Word2.docx 文档。

再选择【另存为】，出现【另存为】对话框，参照【例 2-2】的图 2-2 所示方法将文档以 Word_2.docx 为文件名保存在考生文件夹中。

2.3　文本操作

预备工作

将配套资源中第 2 章素材\2.2 文件夹复制到 F 盘中（如无 F 盘，则可选其他盘，如 E 盘），以下例题中所指的考生文件夹即 F 盘（或 E 盘）中的 2.2 文件夹。

如果是在练习软件如"万维考试系统"中做练习题，就不需复制文件夹，只需注意所有操作一定要在当前试题文件夹（参见图 1-9（c））中完成。

2.3.1　段落操作

1．插入标题

【例 2-4】　在考生文件夹下，打开文档 Word1.docx，在文首插入 1 行空行（空段落），在空行中输入标题"虚拟局域网技术"。仍以该文件名（Word1.docx）保存文档。

说明

段落是指以"↵"为结束标记的一段文本，一个段落标记"↵"视为一段，空行也是一段。

操作步骤

打开和保存文档的操作参见【例 2-3】，插入标题的操作如图 2-4 所示。

① 光标定位在文首后按【Enter】键出现空行　　② 将光标移到空行处，输入标题内容

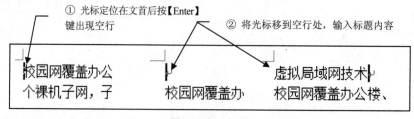

图 2-4　插入标题

2. 合并、拆分和删除段落

【例 2-5】 在考生文件夹下，打开文档 Word2.docx，将正文第 2、3 两段合并为 1 段，并以该文件名（Word2.docx）保存文档。

说明

正文是指除标题段以外的所有文本，"全文"则是指包含标题段的所有文本内容。计算正文段落时不能将标题段计算在内！合并段落可看作删除前、后两段之间的段落标记"↵"。

操作步骤

打开和保存文档的操作参见【例 2-3】，合并段落的操作如图 2-5 所示。

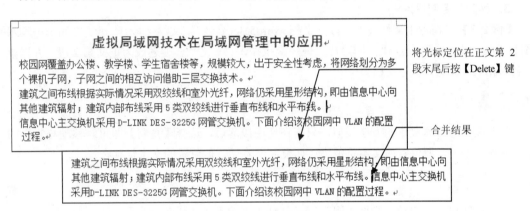

图 2-5 合并段落

【例 2-6】 在考生文件夹下，打开文档 Word3.docx，从正文第 2 段中"下面介绍……"的"下"字处开始将其拆分为两段，并以该文件名（Word3.docx）保存文档。

操作步骤

打开和保存文档的操作参见【例 2-3】，拆分段落的操作如图 2-6 所示。

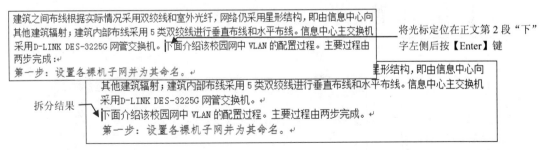

图 2-6 拆分段落

说明

拆分段落可看作在拆分处插入一个段落标记"↵"。

【例 2-7】 在考生文件夹下，打开文档 Word4.docx，删除文中最后的 3 段，并以该文件名

（Word4.docx）保存文档。

操作步骤

打开和保存文档的操作参见【例 2-3】，删除段落的操作如图 2-7 所示。

图 2-7　删除段落

3．移动与复制段落

【例 2-8】　在考生文件夹下，打开文档 Word5.docx，将正文第 4 段（"建筑之间……和水平布线。"）移到正文第 1 段（"校园网覆盖……交换技术。"）之后，使之成为正文第 2 段，并以该文件名（Word5.docx）保存文档。

说明

复制段落与移动段落的方法类似，只需在选中段落后，选择【复制】即可。移动与复制的区别：移动文本后，原位置的文本将消失；而复制文本后，原位置的文本仍存在。

操作步骤

打开和保存文档的操作参见【例 2-3】，移动段落的操作如图 2-8 所示。

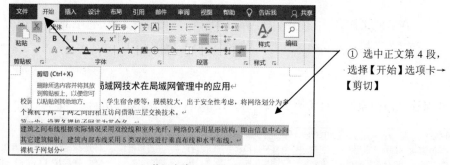

（a）剪切文本

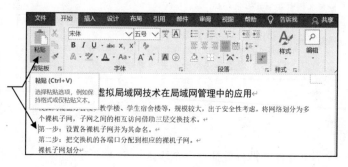

（b）粘贴文本

图 2-8　移动段落

虚拟局域网技术在局域网管理中的应用

校园网覆盖办公楼、教学楼、学生宿舍楼等，规模较大，出于安全性考虑，将网络划分为多个裸机子网，子网之间的相互访问借助三层交换技术。

建筑之间布线根据实际情况采用双绞线和室外光纤，网络仍采用星形结构，即由信息中心向其他建筑辐射；建筑内部布线采用5类双绞线进行垂直布线和水平布线。

第一步：设置各裸机子网并为其命名。

第二步：把交换机的各端口分配到相应的裸机子网。

裸机子网划分

（c）段落移动的结果

图 2-8　移动段落（续）

2.3.2　查找与替换

【例 2-9】　在考生文件夹下，打开文档 Word6.docx，将文中所有错字"汪"改为"网"，并以该文件名（Word6.docx）保存文档。

操作步骤

打开和保存文档的操作参见【例 2-3】，替换错字的操作如图 2-9 所示。

① 将光标定位在文档中，选择【开始】选项卡→"编辑"组→【替换】

（a）选择【替换】

② 分别输入"查找内容"和"替换为"的内容

③ 单击【全部替换】，回到对话框后单击【关闭】按钮（【取消】按钮变为【关闭】按钮）

（b）设置替换

图 2-9　替换错字

【例 2-10】　在考生文件夹下，打开文档 Word7.docx，将文中所有"电磁"加着重号，并以该文件名（Word7.docx）保存文档。

操作步骤

打开和保存文档的操作参见【例 2-3】。可用"查找和替换"进行相同文本的修改，参见【例 2-9】，选择【开始】选项卡→【编辑】组→【替换】，出现【查找和替换】对话框，批量修改相同文本的操作如图 2-10 所示。

① 在【查找内容】和【替换为】文本框
都输入"电磁"

② 单击【更多】，对话框会向下
展开，如图 2-10（b）所示

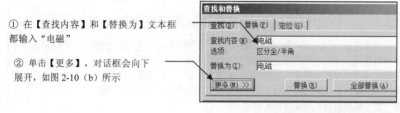

（a）输入查找和替换的内容

③ 此时光标自动定位在【查找内容】文本框中，一
定要将光标定位到【替换为】文本框中

④ 选择【格式】→【字体】，出现【替换字体】
对话框

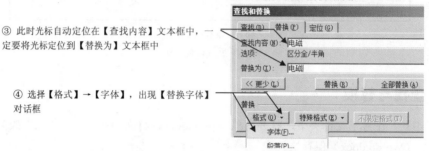

（b）设置替换字体 1

⑤ 注意必须是【替
换字体】对话框，
否则返回步骤③

⑥ 在着重号下拉
列表框中选中着重
号"."后单击【确
定】按钮返回【查
找和替换】对话框

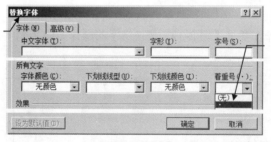

（c）设置替换字体 2

⑦ 确认【替换为】文本框中文字格
式有"点"字样才能单击【全部替换】
如果"点"字样出现在【查找内容】
的格式栏中，请参照图 2-10（e）进
行纠错操作

⑧ 替换结束后，【取消】按钮变为
【关闭】按钮，单击【关闭】按钮

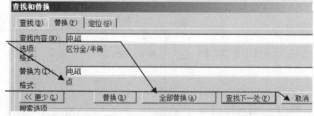

（d）替换操作

【查找内容】的格式栏中
出现"点"字样

将光标定位在【查找内容】文
本框，选择【不限定格式】，
再从步骤③开始操作

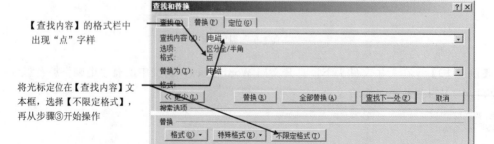

（e）取消查找内容的格式

图 2-10　批量修改相同文本

如果忽略了步骤③或⑤，如图2-10（e）所示，就会变成【查找内容】的格式栏中出现"."，即变为查找带点的"电磁"，将其替换为不带点的"电磁"，从而出现"0 替换"！补救方法如图2-10（e）所示。

2.3.3 插入脚注与尾注

【例2-11】 在考生文件夹下，打开文档 Word8.docx，给正文第 2 段中的文字"星形结构"加脚注"是一种网络连接方式"；利用段落的段前分页功能，对正文第 5 段文字"逻辑子网划分"进行段前分页，并以该文件名（Word8.docx）保存文档。

操作步骤

打开和保存文档的操作参见【例2-3】，插入脚注以及段前分页的操作如图2-11所示。

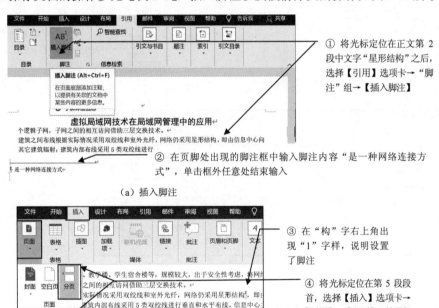

① 将光标定位在正文第 2 段中文字"星形结构"之后，选择【引用】选项卡→"脚注"组→【插入脚注】

② 在页脚处出现的脚注框中输入脚注内容"是一种网络连接方式"，单击框外任意处结束输入

（a）插入脚注

③ 在"构"字右上角出现"1"字样，说明设置了脚注

④ 将光标定位在第 5 段段首，选择【插入】选项卡→【页面】→【分页】，结果如图2-11（c）所示

（b）段前分页

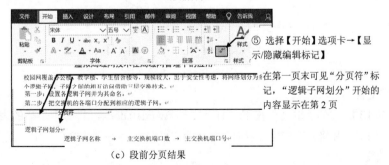

⑤ 选择【开始】选项卡→【显示/隐藏编辑标记】

在第一页末可见"分页符"标记，"逻辑子网划分"开始的内容显示在第 2 页

（c）段前分页结果

图 2-11 插入脚注与段前分页

2.3.4　插入文件与写文件

1．插入文件

【例 2-12】　在考生文件夹下，打开文档 Word9.docx，将考生文件夹中名为"逻辑子网.txt"的文件中的全部文字内容插入到本文档的尾部（不要改变其段落），并以该文件名（Word9.docx）保存文档。

操作步骤

打开和保存文档的操作参见【例 2-3】，插入文件操作如图 2-12 所示。

（a）选插入文件命令

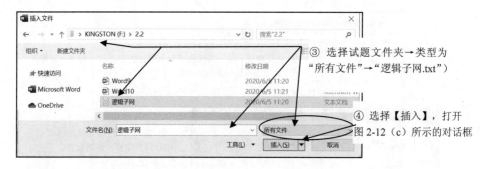

（b）选文本文件

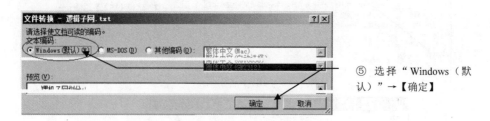

（c）设置文件转换

图 2-12　插入文件

2．写文件

【例 2-13】　在考生文件夹下，打开文档 Word10.docx，将文中最后的表格复制到一个新建的 Word 文档中，并将此新建文档以 BG.docx 为文件名保存在考生文件夹中。原文档（Word10.docx）内容不得改变。

操作步骤

打开和保存文档的操作参见【例 2-3】，写文件的操作如图 2-13 所示。

① 选中表格，选择【开始】
选项卡→【复制】

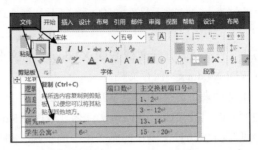

（a）复制表格

② 选择【文件】选项卡→【新
建】，选择"空白文档"→
【创建】，出现新建空白文档

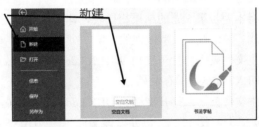

（b）创建空白文档

③ 将光标定位在新建的文档中，选择【开始】
选项卡→【粘贴】

④ 选择【文件】选项卡→【另存为】，将创建的
文档以 BG.docx 为文件名保存在考生文件夹中，再
关闭文档

（c）粘贴表格并保存文档

图 2-13 写文件

练习 2.3

预备工作

将配套资源中第 2 章素材\LX2.2 文件夹复制到 F 盘中（如无 F 盘，可选其他盘，如 E 盘），以下例题中所指考生文件夹即 F 盘（或 E 盘）中的 LX2.2 文件夹。

如果是在练习软件如"万维考试系统"中做练习题，就不需复制文件夹，只需注意所有操作一定要在当前试题文件夹（参见图 1-9（c））中完成。

（1）在考生文件夹下，打开文档 WDLX1.docx，将正文第 3 段（木星是……为人所知了。）移至第 2 段（一直到……木星的信息。）之前，并以该文件名（WDLX1.docx）保存文档。

（2）在考生文件夹下，打开文档 WDLX2.docx，将正文第 2 段（数据采集……采样要求；）

移至第 1 段（二是要求……欠采样技术。）之前，再将两段合并，并以该文件名（WDLX2.docx）保存文档。

（3）在考生文件夹下，打开文档 WDLX3.docx，将正文第 2 段（这对于……巨大的机遇。）移至第 3 段（坎贝尔博士……并不悬殊。）之后（但不与第 3 段合并），并以该文件名（WDLX3.docx）保存文档。

（4）在考生文件夹下，打开文档 WDLX4.docx，将文中所有错词"背景"替换为"北京"，并以该文件名（WDLX4.docx）保存文档。

（5）在考生文件夹下，打开文档 WDLX5.docx，给全文中所有"多媒体"一词添加自定义颜色为（255,0,255）的粗波浪线，并以该文件名（WDLX5.docx）保存文档。

注意：参见【例 2-10】查找和替换操作中的步骤③和⑤。

（6）在考生文件夹下，打开文档 WDLX6.docx，给正文中所有"环境"一词添加蓝色波浪下划线，并以该文件名（WDLX6.docx）保存文档。

注意：请将本题与第 5 题的结果相比较，即指出全文、正文替换的不同，再总结一下如何正确设置粗波浪线、波浪线以及双波浪线。

（7）在考生文件夹下，打开文档 WDLX7.docx，给正文中所有"课程"一词加着重号，并以该文件名（WDLX7.docx）保存文档。

（8）在考生文件夹下，打开文档 WDLX8.docx，在正文第 3 段"A/D 转换器"一词后插入脚注（页面底端）"即模/数转换器"，并以该文件名（WDLX8.docx）保存文档。

（9）在考生文件夹下，打开文档 WDLX9.docx，对倒数第 5 段文字"采样方式分类"进行段前分页，并以该文件名（WDLX9.docx）保存文档。

2.4　排版技术

预备工作

将配套资源中第 2 章素材\2.3 文件夹复制到 F 盘中（如无 F 盘，可选其他盘，如 E 盘），以下例题中所指考生文件夹即为 F 盘（或 E 盘）中的 2.3 文件夹。

如果是在练习软件如"万维考试系统"中做练习题，就不需复制文件夹，只需注意所有操作一定要在当前试题文件夹（参见图 1-9（c））中完成。

【例 2-14】　修改 Word 的设置。Word 的度量单位默认为"磅"，同时默认"插入自选图形时自动创建绘图画布"，这往往与我们的使用习惯以及考题要求不一致，为了便于操作，在进行 Word 设置前，需将 Word 选项中的度量单位设置为"厘米"，并取消勾选"插入自选图形时自动创建绘图画布"。

操作步骤

修改 Word 选项的操作如图 2-14 所示。

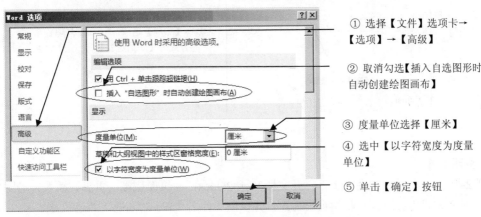

① 选择【文件】选项卡→
【选项】→【高级】

② 取消勾选【插入自选图形时
自动创建绘图画布】

③ 度量单位选择【厘米】

④ 选中【以字符宽度为度量
单位】

⑤ 单击【确定】按钮

图 2-14 修改 Word 选项

2.4.1 文档的页面设置

1. 页面设置

【例 2-15】 在考生文件夹下，打开文档 Word1.docx，将页面设置为 16 开（184 毫米×260
毫米），上、下、左、右页边距均为 2 厘米，页面垂直对齐方式为底端对齐，并以该文件名
（Word1.docx）保存文档。

【操作步骤】

打开和保存文档的操作参见【例 2-3】，页面设置的操作如图 2-15 所示。

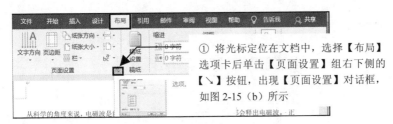

① 将光标定位在文档中，选择【布局】
选项卡后单击【页面设置】组右下侧的
【↘】按钮，出现【页面设置】对话框，
如图 2-15（b）所示

（a）选择【页面设置】

② 在"纸张"选项卡选择
16K（184×260 毫米）

③ 在【页边距】选项卡设置上、下、
左、右均为【2 厘米】

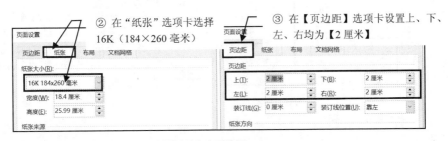

（b）设置纸张和页边距

图 2-15 页面设置

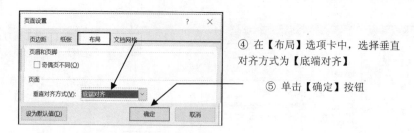

图 2-15　页面设置（续）

2．页码设置

【例 2-16】　在考生文件夹下，打开文档 Word2.docx，在页面底端（页脚）插入大写罗马数字页码，对齐方式为右对齐，起始页码为Ⅳ，并以该文件名（Word2.docx）保存文档。

操作步骤

打开和保存文档的操作参见【例 2-3】，插入页码的操作如图 2-16 所示。

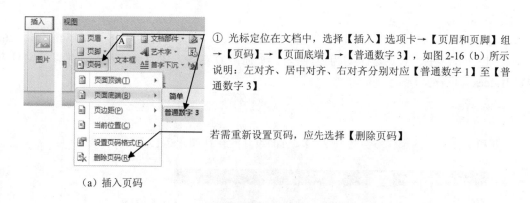

① 光标定位在文档中，选择【插入】选项卡→【页眉和页脚】组→【页码】→【页面底端】→【普通数字 3】，如图 2-16（b）所示
说明：左对齐、居中对齐、右对齐分别对应【普通数字 1】至【普通数字 3】

若需重新设置页码，应先选择【删除页码】

（a）插入页码

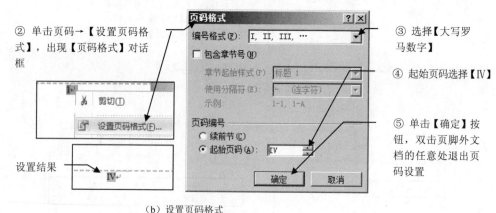

② 单击页码→【设置页码格式】，出现【页码格式】对话框

③ 选择【大写罗马数字】

④ 起始页码选择【Ⅳ】

⑤ 单击【确定】按钮，双击页脚外文档的任意处退出页码设置

设置结果

（b）设置页码格式

图 2-16　页码设置

3．页眉设置

【例 2-17】　在考生文件夹下，打开文档 Word3.docx，插入页眉"奇瑞新车介绍"，文本格式为五号字体、两端对齐，并以该文件名（Word3.docx）保存文档。

操作步骤

打开和保存文档的操作参见【例 2-3】，页眉设置的操作如图 2-17 所示。

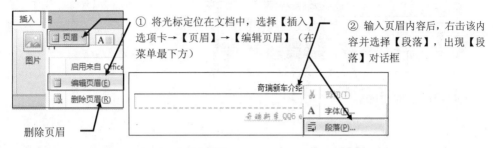

① 将光标定位在文档中，选择【插入】选项卡→【页眉】→【编辑页眉】（在菜单最下方）

② 输入页眉内容后，右击该内容并选择【段落】，出现【段落】对话框

删除页眉

（a）输入页眉

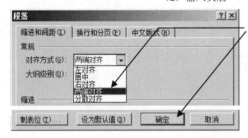

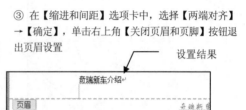

③ 在【缩进和间距】选项卡中，选择【两端对齐】→【确定】，单击右上角【关闭页眉和页脚】按钮退出页眉设置

设置结果

（b）设置页眉对齐方式

图 2-17 页眉设置

说明

如果需要删除页眉进行重新设置，可以选择【插入】选项卡→【页眉和页脚】组→【页眉】→【删除页眉】命令，如图 2-17（a）所示。

2.4.2 文本格式设置

【例 2-18】 在考生文件夹下，打开文档 Word4.docx，将标题段（"2010 南非世界杯"）文字设置为 20 磅、红色、楷体、"偏移：右"阴影，添加自定义颜色为（0,112,192）的双波浪线，并以该文件名（Word4.docx）保存文档。

操作步骤

打开和保存文档的操作参见【例 2-3】，文本格式设置的操作如图 2-18 所示。

① 选中标题文字，选择【开始】选项卡→【字体】组，单击右侧【↘】按钮出现【字体】对话框

（a）打开【字体】对话框

图 2-18 设置文本格式

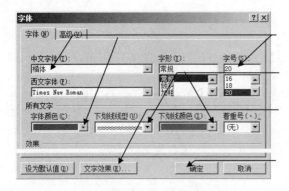

② 在【字体】选项卡中，选择【楷体】、【红色】、【20】

③ 选择下画线线型为【双波浪线】、下画线颜色为【蓝色】

④ 单击【文字效果】，出现【设置文本效果格式】对话框

⑤ 单击【确定】按钮

（b）设置字体

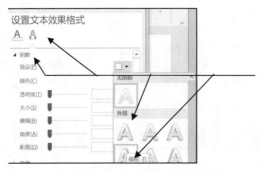

⑥ 选择【阴影】→【预设】→【偏移：右】→【关闭】，转图 2-18（b）所示对话框

（c）设置文字效果

图 2-18　设置文本格式（续）

【例 2-19】　在考生文件夹下，打开文档 Word5.docx，将标题段（"电磁波"）文字设置为字符缩放 220%、字符间距加宽 6 磅，"发光 8 磅，红色，主题色 2"的文字效果，并以该文件名（Word5.docx）保存文档。

操作步骤

打开和保存文档的操作参见【例 2-3】，设置文本效果的操作如图 2-19 所示。

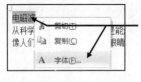

① 选中标题文字，右击选中文字后选择【字体】，出现【字体】对话框

（a）打开"字体"对话框

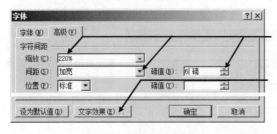

② 在【高级】选项卡中，将缩放改为【220%】，设置间距为【加宽】、【6 磅】

③ 单击【文字效果】，出现【设置文本效果格式】对话框

（b）设置字体高级选项

图 2-19　设置文本效果

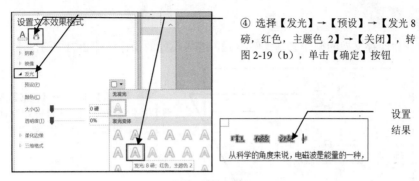

④ 选择【发光】→【预设】→【发光 8
磅，红色，主题色 2】→【关闭】，转
图 2-19（b），单击【确定】按钮

设置
结果

（c）设置"发光"效果

图 2-19 设置文本效果（续）

【例 2-20】 在考生文件夹下，打开文档 Word6.docx，将正文各段落（第十九届……突尼斯。）中的中文文字设置为宋体，西文文字设置为 Arial，字号为五号；将正文第 1 段英文字母 AfricaTM 中的"TM"设置为上标形式，并以该文件名（Word6.docx）保存文档。

操作步骤

打开和保存文档的操作参见【例 2-3】，字体及上标设置的操作如图 2-20 所示。

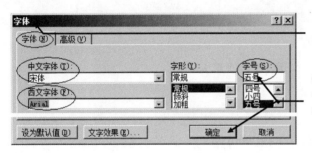

① 选中正文，右击该正文后选择【字体】，出现【字体】对话框

② 在【字体】选项卡中，设置中文字体为"宋体"，西文字体为"Arial"，字号为【五号】，单击【确定】按钮

（a）设置字体

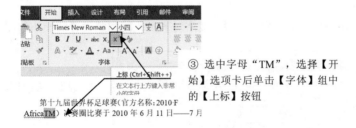

③ 选中字母"TM"，选择【开始】选项卡后单击【字体】组中的【上标】按钮

（b）设置上标

图 2-20 设置字体及上标

【例 2-21】 在考生文件夹下，打开文档 Word7.docx，使用"编号"功能为正文第 2 段至第 4 段（电磁波是……平方成正比。）添加编号"一、""二、"等，起始编号为"二"，并以该文件名（Word7.docx）保存文档。

操作步骤

打开和保存文档的操作参见【例 2-3】，编号设置的操作如图 2-21 所示。

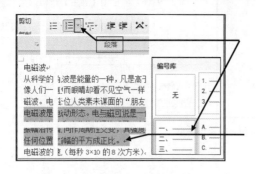

② 选择【开始】选项卡→【段落】组→【编号】右侧下三角形（或右击选中文字后选择【编号】），在出现的列表框中选"一、二、三、"

① 选中正文第 2 至 4 段

（a）添加编号

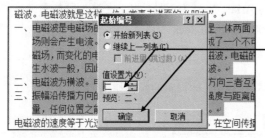

③ 选择【设置编号值】，在【起始编号】对话框中，将值设置为【二】后单击【确定】按钮

（b）修改起始编号

图 2-21　设置编号

2.4.3　段落格式设置

【例 2-22】　在考生文件夹下，打开文档 Word8.docx，设置标题段文字居中对齐、段后间距 0.5 行；设置正文各段落为段前间距 0.3 行，并以该文件名（Word8.docx）保存文档。

操作步骤

打开和保存文档的操作参见【例 2-3】，文字对齐及段落间距设置的操作如图 2-22 所示。

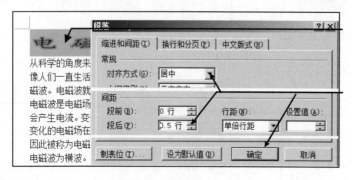

① 选中标题，右击该标题后选择【段落】，出现【段落】对话框

② 在【缩进和间距】选项卡中，设置对齐方式为【居中】、间距段后为【0.5 行】，单击【确定】按钮

（a）设置标题文字对齐及段落间距

图 2-22　设置文字对齐及段落间距

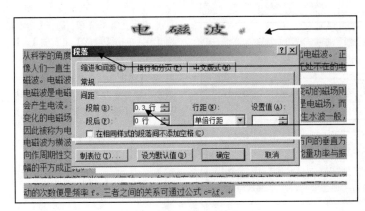

标题设置的结果

③ 选中正文,右击选中内容后选择【段落】,出现【段落】对话框

④ 在【缩进和间距】选项卡中,将间距的段前值改为"0.3 行",单击【确定】按钮

(b) 设置正文段前间距

图 2-22 设置文字对齐及段落间距(续)

【例 2-23】 在考生文件夹下,打开文档 Word9.docx,设置正文第 1、2 两段(从科学的角度……也常称为电波。)首行缩进 2 字符,行距为固定值 20 磅,并以该文件名(Word9.docx)保存文档。

操作步骤

打开和保存文档的操作参见【例 2-3】,段落缩进及行距设置的操作如图 2-23 所示。

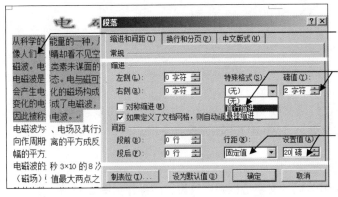

① 选中正文第 1、2 段,右击选中内容后选择【段落】,出现【段落】对话框

② 在【缩进和间距】选项卡中,选择特殊格式【首行缩进】、【2 字符】

③ 行距选择【固定值】、【20 磅】,单击【确定】按钮

图 2-23 设置首行缩进及行距

【例 2-24】 在考生文件夹下,打开文档 Word10.docx,设置正文第 3、4 两段(电磁波为横波……公式 c=λf。)左右各缩进 1 字符、悬挂缩进 2 字符、1.1 倍行间距,并以该文件名(Word10.docx)保存文档。

操作步骤

打开和保存文档的操作参见【例 2-3】,段落缩进及行距设置的操作如图 2-24 所示。

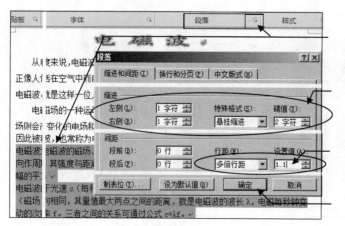

① 选中正文第 3、4 段，选择【开始】选项卡后单击【段落】组右侧【↘】按钮也可出现【段落】对话框

② 在【缩进和间距】选项卡中，设置左、右各缩进【1 字符】，选择特殊格式为【悬挂缩进】、【2 字符】

③ 选择【多倍行距】，在设置值中输入【1.1】

④ 单击【确定】按钮，结果如图 2-24（b）所示

（a）设置左右、悬挂缩进及行距

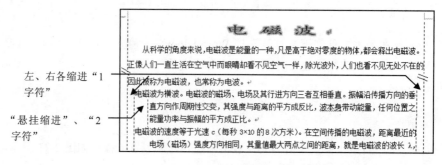

左、右各缩进 "1 字符"

"悬挂缩进"、"2 字符"

（b）左右缩进及悬挂缩进结果

图 2-24　设置悬挂缩进及行间距

2.4.4　边框和底纹设置

1. 标题段文字边框与底纹

【例 2-25】　在考生文件夹下，打开文档 Word11.docx，为标题段（奇瑞新车 QQ6 曝光）文字加蓝色方框、黄色底纹，并以该文件名（Word11.docx）保存文档。

操作步骤

打开和保存文档的操作参见【例 2-3】，文字边框和底纹设置的操作如图 2-25 所示。

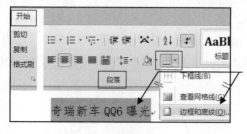

① 选中标题文字（不要包含段落标记），选择【开始】选项卡→"段落"组→【下框线】→【边框和底纹】，出现【边框和底纹】对话框，打开图 2-25（b）所示的对话框

（a）选择【边框和底纹】

图 2-25　设置边框和底纹

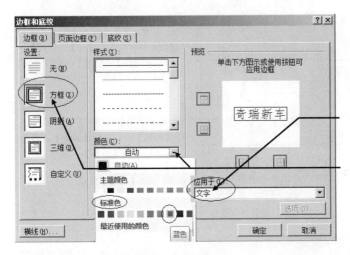

（b）设置边框

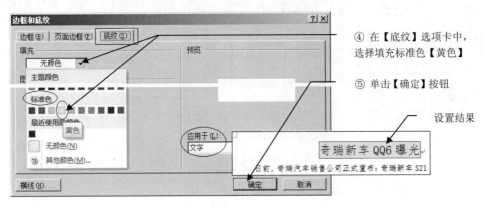

（c）设置底纹

图 2-25　设置边框和底纹（续）

说明

对页面、段落或文字设置边框（底纹）的效果是不同的，如图 2-27（b）所示。

2．段落边框和底纹

【例 2-26】　在考生文件夹下，打开文档 Word12.docx，为正文第 2 段加橙色、阴影边框，并以该文件名（Word12.docx）保存文档。

操作步骤

打开和保存文档的操作参见【例 2-3】，段落边框设置的操作如图 2-26 所示。

3．页面边框

【例 2-27】　在考生文件夹下，打开文档 Word13.docx，设置文档的页面边框为双线、方框，并以该文件名（Word13.docx）保存文档。

操作步骤

打开和保存文档的操作参见【例 2-3】，页面边框的设置如图 2-27 所示。

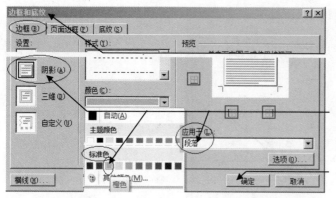

① 选中正文第 2 段，选择【开始】
选项卡→"段落"组→【下框线】→
【边框和底纹】，出现【边框和底纹】
对话框

② 在【边框】页面，首先确认应用
于【段落】，再选择【阴影】、颜色
为标准色中的【橙色】

③ 单击【确定】按钮

图 2-26　设置段落边框

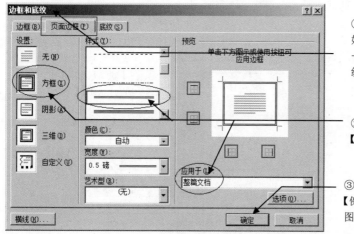

① 将光标定位在文档中，选择【开
始】选项卡→"段落"组→【下框线】
→【边框和底纹】，出现【边框和底
纹】对话框

② 在"页面边框"选项卡中，选择
【方框】、样式选择【双线】

③ 单击【确定】按钮。【例 2-25】、
【例 2-26】、【例 2-27】的结果如
图 2-27（b）所示

（a）页面边框设置

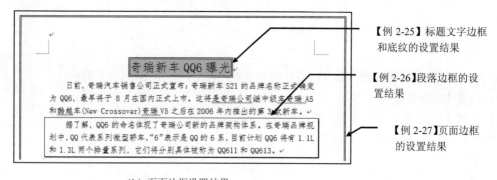

【例 2-25】标题文字边框
和底纹的设置结果

【例 2-26】段落边框的设
置结果

【例 2-27】页面边框
的设置结果

（b）页面边框设置结果

图 2-27　设置页面边框

2.4.5　分栏设置

【例 2-28】　在考生文件夹下，打开文档 Word14.docx，将正文第 2 段进行分栏，要求为 2 栏、
栏宽相等、栏间添加分隔线、栏间距为 3 字符；将正文第 4 段分为等宽两栏、栏宽 18 字符、栏间
不加分隔线，并以该文件名（Word14.docx）保存文档。

操作步骤

打开和保存文档的操作参见【例 2-3】，设置分栏的操作如图 2-28 所示。

① 选中第 2 段（正文第 2 段），
选择【布局】选项卡→【页面】
组→【栏】→【更多栏】，出现
【栏】对话框

（a）选择【栏】

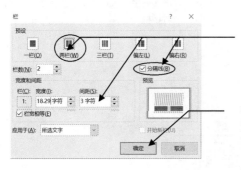

② 选择【2 栏】，选中【分隔线】，
将间距修改为【3 字符】

③ 单击【确定】按钮，结果如
图 2-28（d）所示

（b）第 2 段分栏设置

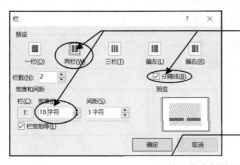

④ 选中第 4 段（正文第 4 段），选择【页面布局】
选项卡→【页面】组→【栏】→【更多分栏】，
在【栏】对话框选择【2 栏】，取消勾选【分隔线】，
修改栏 1 的宽度为【18 字符】

⑤ 单击【确定】按钮，结果如图 2-28（d）
所示

（c）第 4 段分栏设置

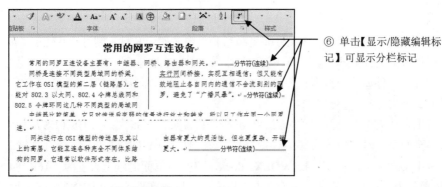

⑥ 单击【显示/隐藏编辑标
记】可显示分栏标记

（d）分栏结果

图 2-28 设置分栏

2.4.6　首字下沉设置

【例 2-29】　在考生文件夹下,打开文档 Word15.docx,设置正文第一段首字下沉 2 行,距正文 0.1 厘米,并以该文件名(Word15.docx)保存文档。

操作步骤

打开和保存文档的操作参见【例 2-3】,首字下沉设置的操作如图 2-29 所示。

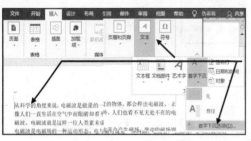

① 将光标定位在正文第 1 段中,选择【插入】选项卡→【文本】→【首字下沉】→【首字下沉选项】,出现【首字下沉】对话框

(a)选"首字下沉选项"命令

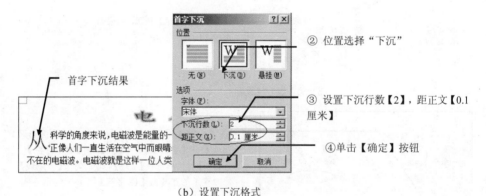

首字下沉结果

② 位置选择"下沉"

③ 设置下沉行数【2】,距正文【0.1 厘米】

④单击【确定】按钮

(b)设置下沉格式

图 2-29　设置首字下沉

练习 2.4

预备工作

将配套资源中第 2 章素材\LX2.3 文件夹复制到 F 盘中(如无 F 盘,则可选其他盘,如 E 盘),以下例题中所指考生文件夹即 F 盘(或 E 盘)中的 LX2.3 文件夹。

如果是在练习软件如"万维考试系统"中做练习题,就不需复制文件夹,只需注意所有操作一定要在当前试题文件夹(参见图 1-9(c))中完成。

(1)在考生文件夹下,打开文档 WDLX1.docx,设置页面纸张大小为 B5(JIS),上、下边距各为 4 厘米,页面垂直对齐方式为底端对齐,并以该文件名(WDLX1.docx)保存文档。

(2)在考生文件夹下,打开文档 WDLX2.docx,将文档页面的纸型设置为"16K184×260 毫米",左右边距各为 3 厘米,装订线位于上方 1 厘米,并以该文件名(WDLX2.docx)保存文档。

(3)在考生文件夹下,打开文档 WDLX3.docx,设置页眉为"世界足球锦标赛",字体为小五号宋体，对齐方式为右对齐，并以该文件名（WDLX3.docx）保存文档。

（4）在考生文件夹下，打开文档 WDLX4.docx，在页面底端（页脚）居中位置插入形如 "-1-、-2-" 的页码，并将初始页码设置为 3，以该文件名（WDLX4.docx）保存文档。

（5）在考生文件夹下，打开文档 WDLX5.docx，在页面底端（页脚）靠右位置插入小写罗马数字格式的页码，起始页码数字为 "iv"，首页不显示页码，并以该文件名（WDLX5.docx）保存文档。

提示："首页不显示页码" 的设置方法为，在插入页码前，先要打开 "页面设置" 组的 "版式" 选项卡，然后在 "页眉和页脚" 栏中选中 "首页不同"。

（6）在考生文件夹下，打开文档 WDLX6.docx，在页面顶端（页眉）插入页码，设置对齐方式为左对齐。并以该文件名（WDLX6.docx）保存文档。

（7）在考生文件夹下，打开文档 WDLX7.docx，将标题段文字（木星及其卫星）设置为蓝色、28 磅、仿宋、加粗、居中，字符间距加宽 3 磅，文字效果为 "内部，左上" 阴影；对倒数第 6 行的标题文字（卫星简介）字体设置为三号、紫色，文字效果为预设 "中等渐变-个性色 4"，加红色双波浪下划线，并以该文件名（WDLX7.docx）保存文档。

（8）在考生文件夹下，打开文档 WDLX8.docx，将表格各标题段文字（"最优前五项" 与 "最差前五项"）设置为四号深红黑体、居中对齐，字符缩放 "160%" 并添加着重号，以该文件名（WDLX8.docx）保存文档。

提示：此题两个标题行都已经设置了首行缩进 2 字符，必须取消首行缩进 2 字符的设置，才能正确设置标题文字的居中对齐。

（9）在考生文件夹下，打开文档 WDLX9.docx，将正文各段中（总部设在欧洲……第一中文门户网站的地位。）所有英文文字设置为 Arial 字体，中文文字设置为仿宋，所有文字及符号设置为小四号、常规字形，并以该文件名（WDLX9.docx）保存文档。

（10）在考生文件夹下，打开文档 WDLX10.docx，在表格第 2 行第 2 列和第 3 行第 2 列单元格中分别输入：-2^{15} 到 $2^{15}-1$、-2^{31} 到 $2^{31}-1$，并以该文件名（WDLX10.docx）保存文档。

（11）在考生文件夹下，打开文档 WDLX11.docx，使用 "项目符号" 功能为正文第 2 段至第 6 段(本科第一批……分数线双线控制。)设置项目符号◆；为文档中的第 8 段到第 9 段（今年，……进行填报。）设置项目符号 "●"，项目符号位置缩进 0.9 厘米，并以该文件名（WDLX11.docx）保存文档。

提示：设置 "项目符号"，操作为，选中段落后，右键单击选择【项目符号】（或选择【开始】选项卡→"段落" 组→【项目符号】）。设置 "项目符号位置缩进"：将光标定位在已设置项目符号的段落中，右击该段落后选择【调整列表缩进】，本题要在两处分别设置缩进。

（12）在考生文件夹下，打开文档 WDLX12.docx，为正文第 3 段至第 11 段（德班大球场……皇家班佛肯球场）设置 "1)、2)、3)" 类型的编号，起始编号为 2，并以该文件名（WDLX12.docx）保存文档。

（13）在考生文件夹下，打开文档 WDLX13.docx，设置正文各段落（从科学的角度……公式 c=λf。）为 1.25 倍行距、段后间距为 0.5 行；设置正文第 1 段（从科学的角度…… "朋友"。）左右各缩进 1 字符、悬挂缩进 2 字符，并以该文件名（WDLX13.docx）保存文档。

（14）在考生文件夹下，打开文档 WDLX14.docx，将标题 1、2、3、4 下面的段落右缩进设置为 5 字符、首行缩进 2 字符、行距 18 磅，并以该文件名（WDLX14.docx）保存文档。

（15）在考生文件夹下，打开文档 WDLX15.docx，为标题段（木星及其卫星）文字添加绿色方框、黄色底纹，并以该文件名（WDLX15.docx）保存文档。

（16）在考生文件夹下，打开文档 WDLX16.docx，为标题段（最优前五项）文字添加浅蓝色阴影边框，底纹颜色为自定义的红色 50、绿色 200、蓝色 100，并以该文件名（WDLX16.docx）保存文档。

提示： 底纹颜色在【其他颜色】中选择"自定义"进行设置。

（17）在考生文件夹下，打开文档 WDLX17.docx，将正文第 3 段（FIFA……这首歌曲。）分为等宽的两栏、栏宽为 15 字符、栏中间加分割线，并以该文件名（WDLX17.docx）保存文档。

（18）在考生文件夹下，打开文档 WDLX18.docx，将最后一段（从单项条目上来看……教师工作量普遍偏大。）分成三栏、栏宽相等、栏间距为 1.5 字符，并以该文件名（WDLX18.docx）保存文档。

（19）在考生文件夹下，打开文档 WDLX19.docx，设置正文第 1 段（据中国汽车工业协议……呈小幅增长。）首字下沉 2 行（距正文 0.2 厘米），并以该文件名（WDLX19.docx）保存文档。

2.5　表格

预备工作

将配套资源中第 2 章素材\2.4 文件夹复制到 F 盘中（如无 F 盘，则可选其他盘，如 E 盘），以下例题中所指的考生文件夹即 F 盘（或 E 盘）中的 2.4 文件夹。

如果是在练习软件如"万维考试系统"中做练习题，就不需复制文件夹，只需注意所有操作一定要在当前试题文件夹（参见图 1-9（c））中完成。

2.5.1　文本转换成表格

【例 2-30】 在考生文件夹下，打开文档 Word1.docx，将文中最后 4 行文字转换成一个 4 行 7 列的表格，并以该文件名（Word1.docx）保存文档。

操作步骤

打开和保存文档的操作参见【例 2-3】，将文字转换成表格的操作如图 2-30 所示。

① 选中 4 行文字，选择【插入】选项卡→【表格】→【文字转换成表格】，出现【将文字转换成表格】对话框

（a）选择【文字转换成表格】

图 2-30　文字转换成表格

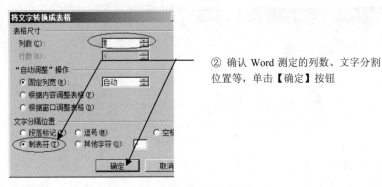

（b）"将文字转换成表格"对话框的操作

图 2-30 文字转换成表格（续）

2.5.2 表格编辑

1. 插入与删除行、列或单元格

说明

列、行以及单元格的插入与删除的操作方法都类似，下面以列为例做介绍。

【例 2-31】 在考生文件夹下，打开文档 Word2.docx，在表格最右侧增加一列，输入列标题"积分"，并以该文件名（Word2.docx）保存文档。

操作步骤

打开和保存文档的操作参见【例 2-3】，在表格最右侧增加一列的操作如图 2-31 所示。

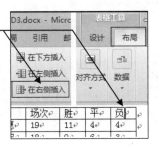
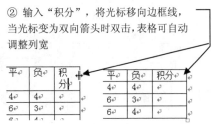

图 2-31 插入列

【例 2-32】 在考生文件夹下，打开文档 Word3.docx，删除表格第 3 列（列标题为"场次"）。并以该文件名（Word3.docx）保存文档。

操作步骤

打开和保存文档的操作参见【例 2-3】，在表格中删除列的操作如图 2-32 所示。

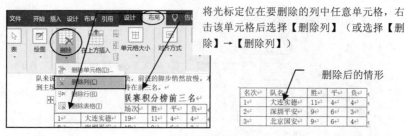

将光标定位在要删除的列中任意单元格，右
击该单元格后选择【删除列】（或选择【删
除】→【删除列】）

删除后的情形

图 2-32　删除列

2. 合并与拆分单元格

【例 2-33】　在考生文件夹下，打开文档 Word4.docx，将表格第 1、2 行的第 1 列、第 5 列分别进行单元格的合并；将表格第 1 行的第 2、3、4 列合并；将表格第 2 列第 3 个单元格拆分为 3 行，并以该文件名（Word4.docx）保存文档。

操作步骤

打开和保存文档的操作参见【例 2-3】，合并和拆分单元格的操作如图 2-33 所示。

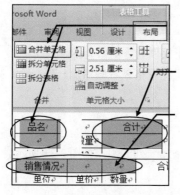

① 选中第 1、2 行的第 1 列单元格，选择【表格工具】→【布局】→【合并】组→【合并单元格】

② 选中第 1、2 行的第 5 列单元格，选择【表格工具】→【布局】→【合并】组→【合并单元格】

③ 选中第 1 行的第 2、3、4 列单元格，选择【表格工具】→【布局】→【合并】组→【合并单元格】

（a）合并单元格

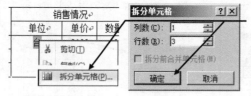

④ 选中第 2 列第 3 个单元格，右击该单元格后选择【拆分单元格】，在【拆分单元格】对话框中设置列数【1】，行数【3】，单击【确定】按钮

（b）拆分单元格

图 2-33　合并和拆分单元格

说明

合并、拆分单元格一般有 2 种方法。方法 1：选择【表格工具】→【布局】，在【合并】组中选相应的命令，如图 2-33（a）所示。方法 2：右击选中单元格后选择相应的命令，如图 2-33（b）所示。

2.5.3　公式与排序

表格的有关概念如下。

列标　从左到右分别用英文字母 A、B、C…表示列号。

行标 从上到下分别用 1、2、3…表示行号。

单元格 行、列交叉处称为单元格，用"单元格地址"表示单元格的位置。地址用"列标+行标"表示，如 E2，表示第 E 列、第 2 行交叉处的单元格。

区域 连续多个单元格组成的矩形称为区域，区域用"左上角单元格地址+英文冒号+右下角单元格地址"表示，如 A1：B3，表示第 1 列第 1 行到第 2 列第 3 行的 6 个单元格组成的区域。

1. 公式

【例 2-34】 在考生文件夹下，打开文档 Word5.docx，在"积分"列按公式"积分=3×胜+平"计算并输入相应内容，以该文件名（Word5.docx）保存文档。

说明

公式必须由等号开始，接着是用加、减、乘、除等运算符以及函数组成的算式。如公式"=(B2+B3)/3"表示 B2、B3 两个单元格的值相加再除以 3。

操作步骤

打开和保存文档的操作参见【例 2-3】，输入公式的操作如图 2-34 所示。

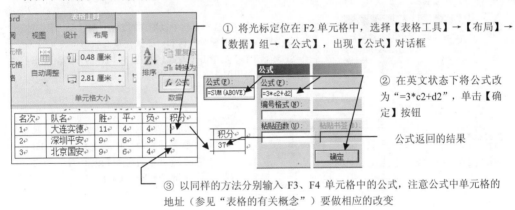

① 将光标定位在 F2 单元格中，选择【表格工具】→【布局】→【数据】组→【公式】，出现【公式】对话框

② 在英文状态下将公式改为"=3*c2+d2"，单击【确定】按钮

公式返回的结果

③ 以同样的方法分别输入 F3、F4 单元格中的公式，注意公式中单元格的地址（参见"表格的有关概念"）要做相应的改变

图 2-34 输入公式

2. 函数

说明

函数是由函数名后跟括弧组成的式子，括弧中含有若干参数。如，求平均值函数"=AVERAGE(E2:E4)"表示计算 E2 到 E4 区域中所有单元格数据的平均值，而公式"=SUM(B2:B4)*100"则表示用求和函数求得 B2、B3、B4 单元格之和再乘以 100。

公式中的参数还可以用区域代词表示，分别是左侧（LEFT）、右侧（RIGHT）、上侧（ABOVE）和下侧（BELOW）。如，=SUM(LEFT)是指计算当前表格左侧单元格的数据之和。

可以单击"粘贴函数"下拉三角按钮选择合适的函数，常用的函数及其功能表 2-1 所示。

表 2-1　　　　　　　　　　　常用函数表

函 数 名	功 能
AVERAGE	求平均值
COUNT	求数字单元格的个数

续表

函　数　名	功　能
MAX	求最大值
MIN	求最小值
PRODUCT	求乘积
SUM	求和
IF	判断

【例 2-35】　在考生文件夹下，打开文档 Word6.docx，分别计算表格中的总分和平均分，并以该文件名（Word6.docx）保存文档。

操作步骤

打开和保存文档的操作参见【例 2-3】，计算总分和平均分的操作如图 2-35 所示。

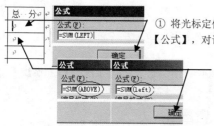

① 将光标定位在 E2 单元格中，选择【表格工具】→【布局】→【数据】组→【公式】，对话框中默认是求左侧单元格的和，单击【确定】按钮

② 将光标定位在 E3 单元格中以同样的方法选择【公式】，对话框中默认是求上侧单元格和，必须在英文状态下将其改为"=SUM(LEFT)"，单击【确定】按钮，以同样的方法输入 E4 的公式。也可用图 2-35（b）中的方法

（a）计算总分

姓名	语文	数学	外语	总　分
汪猛	95	73	70	238
张奋斗	88	95	76	238
王肖	86	85	84	
平均分				

③ 将 E2 单元格的公式复制到 E3 单元格，此时 E3 中的结果与 E2 相同，将光标定位在 E3 中，右击 E3 单元格后选择【更新域】，再用复制、更新域的方法输入 E4 的公式

（b）输入 E3 公式的方法 2

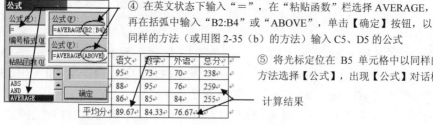

④ 在英文状态下输入"＝"，在"粘贴函数"栏选择 AVERAGE，再在括弧中输入"B2:B4"或"ABOVE"，单击【确定】按钮，以同样的方法（或用图 2-35（b）的方法）输入 C5、D5 的公式

⑤ 将光标定位在 B5 单元格中以同样的方法选择【公式】，出现【公式】对话框

计算结果

（c）计算平均分

图 2-35　计算总分和平均分

3．排序

【例 2-36】　在考生文件夹下，打开文档 Word7.docx，以"总分"为主要关键字，依据"数字"类型降序，以"姓名"为次要关键字，依据"拼音"类型升序排序，并以该文件名（Word7.docx）保存文档。

操作步骤

打开和保存文档的操作参见【例 2-3】，排序操作如图 2-36 所示。

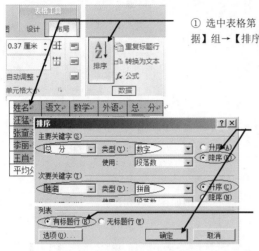

① 选中表格第 1～5 行，选择【表格工具】→【布局】→【数据】组→【排序】，出现"排序"对话框

③ 按题意设置主要关键字"总分"、类型"数字"、降序，次要关键字"姓名"、类型"拼音"、升序，单击【确定】按钮
注意：如果步骤①没有选标题行（姓名所在行），则步骤②相应取消"有标题行"，主、次关键字分别选【E 列】、【A 列】。排序结果如图 2-36（b）所示

② 选中"有标题行"

（a）排序设置

姓名	语文	数学	外语	总 分
李丽	95	89	75	259
张奋斗	88	95	76	259
王肖	86	85	84	255
汪猛	95	73	70	238
平均分	89.67	84.33	76.67	

注意：末行是平均分，是不能参与排序的

（b）排序结果

图 2-36 数据排序

2.5.4 表格格式设置

1. 行高与列宽

【例 2-37】 在考生文件夹下，打开文档 Word8.docx，设置表格第 1 列列宽 2.5 厘米，其余列宽 2 厘米，并以该文件名（Word8.docx）保存文档。

操作步骤

打开和保存文档的操作参见【例 2-3】，设置列宽的操作如图 2-37 所示。

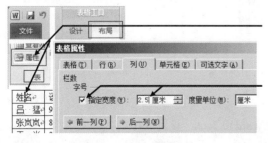

① 将光标定位在表格第 1 列中，选择【表格工具】→【布局】→"表"组→【属性】，出现"表格属性"对话框

② 选中【指定宽度】，输入"2.5"，单位选【厘米】，单击【后一列】

（a）设置第 1 列列宽

图 2-37 设置列宽

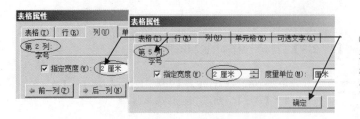

③ 设置第 2 列列宽为 2 厘
米,单击【后一列】,以同
样的方法设置到第 5 列列
宽,单击【确定】按钮

(b)设置第 2~5 列列宽

图 2-37 设置列宽(续)

【例 2-38】 在考生文件夹下,打开文档 Word9.docx,设置表格第 1 行行高 1 厘米,其余行行高 0.8 厘米,并以该文件名(Word9.docx)保存文档。

操作步骤

打开和保存文档的操作参见【例 2-3】,设置行高的操作如图 2-38 所示。

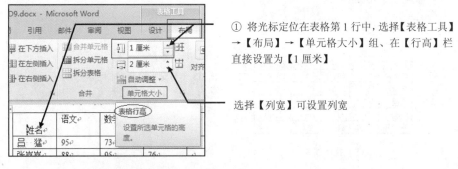

① 将光标定位在表格第 1 行中,选择【表格工具】
→【布局】→【单元格大小】组、在【行高】栏
直接设置为【1 厘米】

选择【列宽】可设置列宽

(a)设置第 1 行行高

② 选中表格第 2~5 行,选择【表格工具】
→【布局】→【单元格大小】组→【行高】,
直接设置行高为【0.8 厘米】

(b)设置第 2~5 行行高

图 2-38 设置行高

2.表格中文字的对齐方式和文字方向

【例 2-39】 在考生文件夹下,打开文档 Word10.docx,设置表格第 1 行文字水平居中,第 1 列第 2 行至第 5 行文字仅水平居中,其余单元格中文字靠下右对齐,并以该文件名(Word10.docx)保存文档。

说明

单元格对齐方式是指单元格内文字的对齐方式，分为水平方向对齐（两端对齐、水平对齐、右对齐）和垂直方向对齐（靠上对齐、中部对齐、靠下对齐）。设置对齐方式时往往是水平与垂直两个方向相结合的，如"靠下右对齐"是指垂直方向"靠下"、水平方向"右对齐"。

操作步骤

打开和保存文档的操作参见【例 2-3】，设置对齐方式的操作如图 2-39 所示。

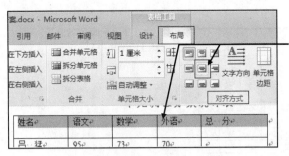

① 选中第 1 行，选择【表格工具】→【布局】→【对齐方式】组→【水平居中】（水平、垂直方向都居中），转图 2-39（b）

（a）设置第 1 行水平居中

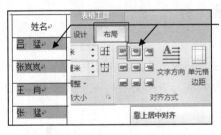

② 选中第 1 列第 2 至 5 行，选择【表格工具】→【布局】→【对齐方式】组→【靠上居中对齐】
注意：题目要求"水平居中"，没有指出垂直方向对齐方式，而其本来是垂直靠上的，所以选"靠上水平居中"

（b）设置第 1 列第 2～5 行水平居中

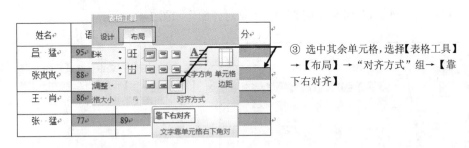

③ 选中其余单元格，选择【表格工具】→【布局】→"对齐方式"组→【靠下右对齐】

（c）设置其余单元格靠下右对齐

图 2-39　设置单元格对齐方式

【例 2-40】　在考生文件夹下，打开文档 Word11.docx，更改表格第一行文字方向为纵向、中部居中，并以该文件名（Word11.docx）保存文档。

操作步骤

打开和保存文档的操作参见【例 2-3】，设置文字方向的操作如图 2-40 所示。

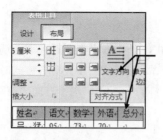

（a）改变文字方向

① 选中第 1 行，选择【表格工具】
→【布局】→【对齐方式】组→
【文字方向】

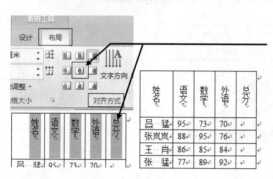

② 将文字方向变为纵向并
选择【中部居中】

（b）设置纵向居中

图 2-40　设置文字方向

3．表格的对齐方式

【例 2-41】　在考生文件夹下，打开文档 Word12.docx，设置表格居中对齐、无文字环绕，并以该文件名（Word12.docx）保存文档。注意：表格对齐与表格文字对齐（参见【例 2-39】）是不同的操作。

操作步骤

打开和保存文档的操作参见【例 2-3】，表格对齐操作如图 2-41 所示。

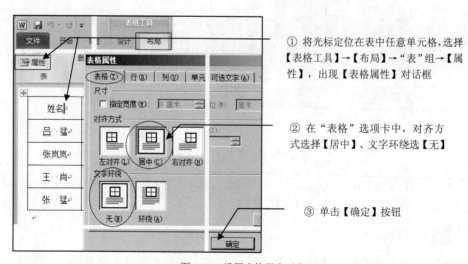

① 将光标定位在表中任意单元格，选择
【表格工具】→【布局】→"表"组→【属
性】，出现【表格属性】对话框

② 在"表格"选项卡中，对齐方
式选择【居中】、文字环绕选【无】

③ 单击【确定】按钮

图 2-41　设置表格居中对齐

4．边框和底纹

【例2-42】 在考生文件夹下，打开文档 Word13.docx，设置表格的外边框线、第1行与第2行间的内框线为1.5磅蓝色双窄实线，其余内框线为0.75磅绿色单实线，并以该文件名（Word13.docx）保存文档。

操作步骤

打开和保存文档的操作参见【例2-3】，表格框线设置的操作如图2-42所示。

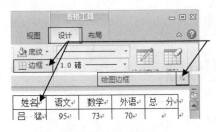

① 将光标定位在表格中任意单元格，选择【表格工具】→【设计】，单击【绘图边框】组右侧的【↘】按钮（或者选择【边框】→【边框和底纹】）出现【边框和底纹】对话框

（a）选择【边框和底纹】

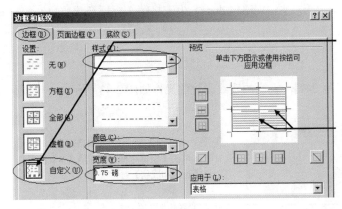

② 在【边框】选项卡中，选择【自定义】，按顺序设置"细实线""绿色""0.75磅"

③ 分别单击纵、横内框线使之变为绿色

（b）设置内框线

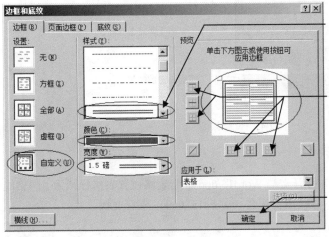

④ 按顺序设置"双窄实线""蓝色""1.5磅"

⑤ 分别单击上、下、左、右外框线按钮两次（第1次为取消、第2次为设置）

⑥ 单击【确定】按钮

（c）设置外框线

图2-42 设置表格内外框线

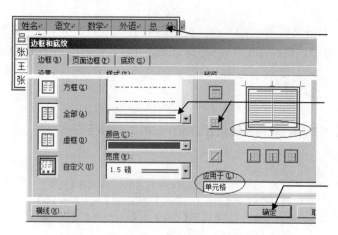

⑦ 选中表格第 1 行，用步骤①的方法选择【边框和底纹】，出现【边框和底纹】对话框

⑧ 在 "边框" 选项卡中，按顺序设置 "双窄实线" "蓝色" "1.5磅"，并单击下框线按钮 2 次

⑨ 单击【确定】按钮

（d）设置第 1、2 行之间内框线

图 2-42　设置表格内外框线（续）

【例 2-43】　在考生文件夹下，打开文档 Word14.docx，为表格第 1 行填充浅蓝色底纹，并以该文件名（Word14.docx）保存文档。

操作步骤

打开和保存文档的操作参见【例 2-3】，表格的底纹设置的操作如图 2-43 所示。

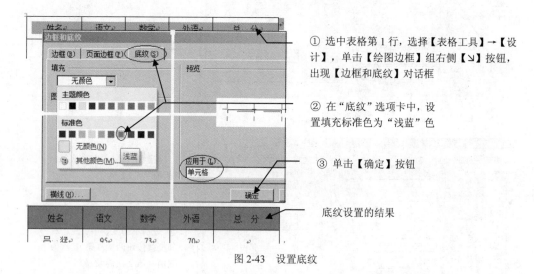

① 选中表格第 1 行，选择【表格工具】→【设计】，单击【绘图边框】组右侧【↘】按钮，出现【边框和底纹】对话框

② 在 "底纹" 选项卡中，设置填充标准色为 "浅蓝" 色

③ 单击【确定】按钮

底纹设置的结果

图 2-43　设置底纹

5．表格自动套用格式

【例 2-44】　在考生文件夹下，打开文档 Word15.docx，为表格设置表格样式为 "网格线 1 浅色-着色 1" 的表格自动套用格式，并以该文件名（Word15.docx）保存文档。

操作步骤

打开和保存文档的操作参见【例 2-3】，表格自动套用格式设置的操作如图 2-44 所示。

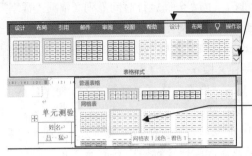

① 将光标定位在表格中任意单元格,选择
【表格工具】→【设计】→"表格样式"组,
单击其下拉按钮,出现【表格样式】下拉
列表

② 选择【网格表】中的【网格表 1
浅色-着色 1】,结果如图 2-44(b)
所示

(a) 选择【表格样式】

姓名	语文	数学	外语	总 分
吕·猛	95	73	70	
张岚岚	88	95	76	
王·肖	86	85	84	
张·猛	77	89	92	

表格自动套用的结果

(b) 所选表格样式

图 2-44 表格自动套用格式

练习 2.5

预备工作

将配套资源中第 2 章素材\LX2.4 文件夹复制到 F 盘中(如无 F 盘,则可选其他盘,如 E 盘),以下例题中所指考生文件夹即 F 盘(或 E 盘)中的 LX2.4 文件夹。

如果是在练习软件如"万维考试系统"中做练习题,就不需复制文件夹,只需注意所有操作一定要在当前试题文件夹(参见图 1-9(c))中完成。

(1) 在考生文件夹下,打开文档 WDLX1.docx,将文中后 7 行文字转换成一个 7 行 6 列的表格,并以该文件名(WDLX1.docx)保存文档。

(2) 在考生文件夹下,打开文档 WDLX2.docx,将文中后 6 行文字转换成一个 6 行 5 列的表格,选择【根据内容自动调整表格】来调整表格,并以该文件名(WDLX2.docx)保存文档。

(3) 在考生文件夹下,打开文档 WDLX3.docx,删除表格第 4 列(列标题为"C"),在最后 1 列(列标题为"申请专利总数")的左侧增加 1 列,输入列标题为"F",并以该文件名(WDLX3.docx)保存文档。

(4) 在考生文件夹下,打开文档 WDLX4.docx,分别合并表格中第 3 列的第 2、3 行单元格,第 4 列的第 2、3 行单元格,第 5 列的第 2、3 行单元格和第 6 列的第 2、3 行单元格,并以该文件名(WDLX4.docx)保存文档。

(5) 在考生文件夹下,打开文档 WDLX5.docx,分别计算表格中每人销售总计金额和每月销售额总计金额,并以该文件名(WDLX5.docx)保存文档。

(6) 在考生文件夹下,打开文档 WDLX6.docx,计算"性能"列的平均值,存入该列最后一行的空单元格中,要求保留 2 位小数(提示:在"公式"对话框的"编号格式"框中选择"0.00"格式),并以该文件名(WDLX6.docx)保存文档。

（7）在考生文件夹下，打开文档 WDLX7.docx，按"全程运行时间"列（依据"数字"类型）降序排列表格内容，并以该文件名（WDLX7.docx）保存文档。

（8）在考生文件夹下，打开文档 WDLX8.docx，按"名称"列（依据"拼音"类型）升序排列表格内容，并以该文件名（WDLX8.docx）保存文档。

（9）在考生文件夹下，打开文档 WDLX9.docx，设置表格第 1 行行高为 1 厘米，其余各行行高为 0.7 厘米，并以该文件名（WDLX9.docx）保存文档。

（10）在考生文件夹下，打开文档 WDLX10.docx，设置表格第 1 列列宽为 2 厘米，其余各列"根据内容自动调整列宽"（提示：先选中整个表格，选择【表格工具】→"布局"→"单元格大小"，在【自动调整】中选择【根据内容自动调整表格】，然后设置第 1 列列宽），并以该文件名（WDLX10.docx）保存文档。

（11）在考生文件夹下，打开文档 WDLX11.docx，设置表格第 1 行中部居中，其余各行的第 1 列水平居中，其余列靠下右对齐，并以该文件名（WDLX11.docx）保存文档。

说明："其余各行第 1 列水平居中"是指不改变其垂直方向对齐方式的前提下，仅设置水平方向居中，其原来是"靠上两端对齐"，所以应选"靠上水平居中"。

（12）在考生文件夹下，打开文档 WDLX12.docx，设置表格居中对齐，表格所有单元格的上、下边距各为 0.1 厘米，并以该文件名（WDLX12.docx）保存文档。

（13）在考生文件夹下，打开文档 WDLX13.docx，分别将表格第 1 列的第 2、3 行，第 4、5 行、第 6 至 9 行单元格合并，将合并后的单元格内容（"文科""理科""艺体类"）的文字方向更改为纵向，设置此 3 个单元格中部居中，并以该文件名（WDLX13.docx）保存文档。

（14）在考生文件夹下，打开文档 WDLX14.docx，设置表格外框线为 0.75 磅蓝色双窄实线，内框线为 0.5 磅红色单实线；表格第 1、2 行之间的内框线为 1.5 磅绿色单实线，并以该文件名（WDLX14.docx）保存文档。

（15）在考生文件夹下，打开文档 WDLX15.docx，设置表格左右外边框为无边框、上下外边框为 3 磅绿色单实线、所有内边框线为 1 磅黑色单实线，并以该文件名（WDLX15.docx）保存文档。

（16）在考生文件夹下，打开文档 WDLX16.docx，设置表格第一行为"蓝色，个性色 1，淡色 60%"的底纹，并以该文件名（WDLX16.docx）保存文档。

（17）在考生文件夹下，打开文档 WDLX17.docx，对表格使用表格样式中的"网格表 4-着色 2"表格样式，并以该文件名（WDLX17.docx）保存文档。

2.6 Word 的图文混排

预备工作

将配套资源中第 2 章素材\2.5 文件夹复制到 F 盘中（如无 F 盘，则可选其他盘，如 E 盘），以下例题中所指的考生文件夹即 F 盘（或 E 盘）中的 2.5 文件夹。

如果是在练习软件比如"万维考试系统"中做练习题，就不需复制文件夹，只需注意所有操作一定要在当前试题文件夹（参见图 1-9（c））中完成。

【例 2-45】　在考生文件夹下，打开文档 Word1.docx，在正文第 3 段中部插入图片 ZSL.JPG，且设置图片大小为高度 3 厘米、宽度 4 厘米，环绕方式为四周型，并以该文件名（Word1.docx）保存文档。

注意：插入图片前，请参照【例 2-14】中的方法，取消勾选"插入自选图形时自动创建绘图画布"，以便初学者操作。

操作步骤

打开和保存文档的操作参见【例 2-3】，插入图片的操作如图 2-45 所示。

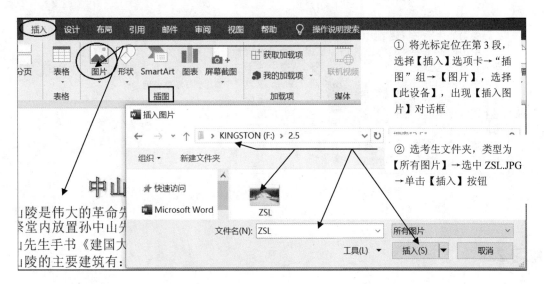

（a）插入图片

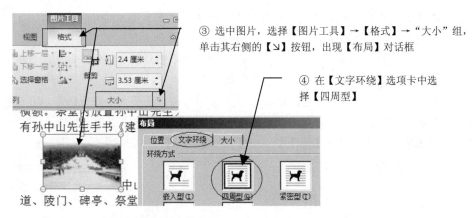

（b）设置图片环绕类型

图 2-45　插入图片

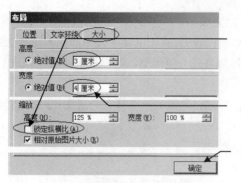

⑤ 在【大小】选项卡中，因为要设置的高与宽与原图不成比例，所以必须先取消勾选"锁定纵横比"

⑥ 分别设置高【3 厘米】、宽【4 厘米】

⑦ 单击【确定】按钮

（c）设置图片大小

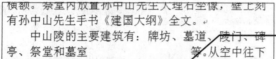

⑧ 选中图片，按组合键【Ctrl+↑、↓、←、→】上、下、左、右微调图片到样章的位置

（d）调整图片位置

图 2-45　插入图片（续）

练习 2.6

预备工作

将配套资源中第 2 章素材\LX2.5 文件夹复制到 F 盘中（如无 F 盘，则可选其他盘，如 E 盘），以下例题中所指的考生文件夹即 F 盘（或 E 盘）中的 LX2.5 文件夹。

如果是在练习软件如"万维考试系统"中做练习题，就不需复制文件夹，只需注意所有操作一定要在当前试题文件夹（参见图 1-9（c））中完成。

在考生文件夹下，打开文档 WDLX1.docx，在正文第 2 段中部插入形状五边形，并设置图片大小为高度 3 厘米、宽度 5 厘米，环绕方式为四周型，并以该文件名（WOLX1.docx）保存文档。

提示：选择【插入】选项卡→【插图】组→【形状】，在【基本形状】里找五边形。

第3章 Excel 2016 的功能与使用

大纲要求

1. 了解电子表格的基本概念和基本功能，认识 Excel 的基本功能、运行环境、启动和关闭。

2. 了解工作簿和工作表的基本概念和基本操作，掌握工作簿和工作表的建立、保存和关闭；熟练掌握数据输入和编辑；熟练掌握工作表和单元格的选定、插入、删除、复制、移动；了解工作表的重命名和工作表窗口的拆分和冻结。

3. 熟练工作表的格式化操作，包括设置单元格格式、设置列宽与行高、设置条件格式、使用样式、自动套用表格式和使用模板等。

4. 认识单元格的绝对地址和相对地址的概念，掌握工作表中公式的输入和复制以及常用函数的使用。

5. 掌握图表的建立、编辑和修改,以及修饰。

6. 了解数据清单的概念、数据清单的建立，熟练操作数据清单内容的排序、筛选、分类汇总、数据合并、数据透视表的建立。

7. 了解工作表的页面设置、打印预览和打印，以及工作表中链接的建立。

8. 熟悉保护和隐藏工作簿与工作表。

基本操作（单元格的合并及居中、工作表的命名、单元格格式设置）、公式与函数、图表的新建与设置、数据处理（排序、筛选和分类汇总）等是考核的重点。

3.1 启动、运行和使用 Excel

1. 启动与关闭 Excel

【例 3-1】 Excel 的启动与关闭（退出）。

操作步骤

启动 Excel：在 Windows10 桌面，选择【开始】→【Excel】，出现 Excel 窗口，如图 3-1 所示。

关闭 Excel：在 Excel 窗口中，选择【文件】→【退出】，按屏幕提示操作。

说明

（1）启动 Excel 的方法如下。

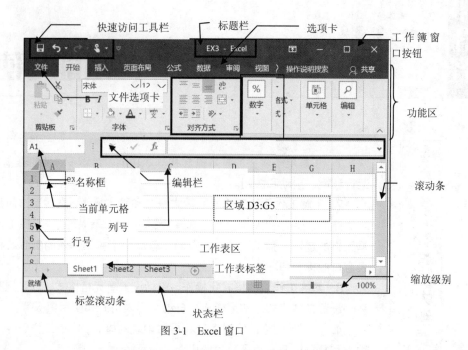

图 3-1　Excel 窗口

① 选择【开始】→【Excel】（参见【例 3-1】）。如果 Windows 桌面上有 Excel 的快捷方式图标，双击 Excel 的快捷方式图标即可打开程序。

② 通过 Windows 的"计算机"找到要打开的 Excel 文件，双击该文件图标，这时与文件关联的 Excel 被打开，同时打开了该 Excel 文件。这种方式也是打开已有 Excel 文件的常见方法。

（2）退出 Excel 的方法如下。

① 在 Excel 窗口中，选择【文件】→【关闭】。

② 单击 Excel 窗口右上方的【×】按钮，这是最常用的方法。

2．Excel 窗口介绍

如图 3-1 所示，Excel 窗口主要由标题栏、快速访问工具栏、文件选项卡、功能区、工作表区、工作簿窗口按钮、工作表标签、标签滚动条、缩放级别和状态栏等组成。下面做简单介绍，有些内容将在后续例题中加以介绍。

标题栏　显示正在编辑的文档的文件名以及所使用的软件名。如工作簿 1- Excel，文档默认的扩展名为.xlsx。

快速访问工具栏　常用命令位于此处，例如【保存】和【撤销】。用户可以添加个人常用命令。

文件选项卡　包含的基本命令有【新建】、【打开】、【关闭】、【另存为】、【选项】、【打印】等。

功能区　工作时需要用到的命令位于此处。

Excel 2016 与之前的版本有较大的变化：处于功能区第一行位置类似"菜单"的是"选项卡"，单击每个"选项卡"，将会出现相应的命令按钮，并按照按钮的功能分成若干组，各组以竖线分隔，组的名称则显示在栏目的下方。

如图 3-1 所示，【开始】选项卡下有【剪贴板】、【字体】、【对齐方式】、【数字】、【样式】、【单元格】、【编辑】等分组，而在每个分组如【编辑】组中列出相应的【排序和筛选】、【查找和选择】等工具按钮，有的组如【字体】组右侧有个形如【↘】的按钮，单击此按钮将会出现【设置单元格格式对话框】，提供给用户进行更精细的设置。

工作表区　是 Excel 编辑数据的主要场所，是用户进行文档输入、编辑、修改等的工作区域。

滚动条　分为水平、垂直滚动条。拖动滚动条可以滚动显示超出屏幕范围的文档内容。

缩放级别　可用于更改正在编辑的文档的缩放比例。

状态栏　显示正在编辑的文档的相关信息。

工作簿窗口按钮　在 Excel 窗口可同时打开多个工作簿（当前打开一个工作簿），每个工作簿的右上角都有"功能区最小化""最小化""最大化（还原）""关闭"等关于此窗口操作的按钮。特别注意要与 Excel 窗口右上角相应的按钮相区分。

行号、列号和单元格　行号采用"1，2，3…"等阿拉伯数字标识，列号用"A、B、C…"等大写英文字母标识。单元格的地址由"列号+行号"的形式组成，如位于 A 列 1 行的单元格，就表示 A1 单元格。

工作表标签及标签滚动条　是工作表名称所在之处，可以实现工作表重命名、复制、移动等相应操作。如果工作表数量较多，可以通过标签滚动条快速移动工作表，进行快速定位。

数据编辑区　也可称为编辑栏，主要用于显示和编辑当前活动单元格中的数据或公式。编辑栏左侧会显示名称框，编辑栏中包含"输入函数"按钮和编辑区等部分。

3．工作簿和工作表的基本概念

Excel 主要由应用程序工作区组成，应用程序工作区的主要元素介绍如下。

工作簿　应用程序工作区包含若干工作表，称为工作簿，工作簿的扩展名为.xlsx。打开 Excel 时，默认的新建工作簿文件名为"工作簿 x"（x 为一数字），文件名显示在标题栏中，并显示第 1 个工作表 Sheet1（见工作表标签栏）。

工作表和单元格　工作表由被分隔成行和列的栅格组成。工作表的每列分配一个字母，每行分配一个数字。列、行交叉所组成的方格称为"单元格"，单元格的名称由其所处的列、行的标记组合来表示，如图 3-1 所示，第 A 列、第 1 行交叉处的单元格称为单元格 A1，A1 也称为该单元格的地址。

活动单元格　是当前正在编辑的单元格，用粗框线表示。其地址出现在名称框中，完整的内容出现在编辑栏中，如图 3-1 中的 A1 单元格。

区域　由若干个连续单元格组成，用"左上角单元格地址 + 冒号 + 右下角单元格地址"表示，如图 3-1 中的区域 D3:G5。

3.2　工作簿的基本操作

预备工作

将配套资源中第 3 章素材\3.1 文件夹复制到 F 盘中（如无 F 盘，则可选其他盘，如 E 盘），以下例题中所指的考生文件夹即 F 盘（或 E 盘）中的"3.1"文件夹。

　　如果是在练习软件如"万维考试系统"中做练习题，就不需复制文件夹，只需注意所有操作一定要在当前试题文件夹（参见图 1-9（c））中完成。

3.2.1　创建、保存和打开工作簿

1. 创建和保存工作簿

【例 3-2】　在考生文件夹下，创建一个空白工作簿，并以 EX2.xlsx 为文件名保存。

启动 Excel 后，Excel 便会自动创建一个名为"工作簿 1"的新工作簿（参见【例 3-1】）。

操作步骤

创建和保存工作簿的操作如图 3-2 所示。

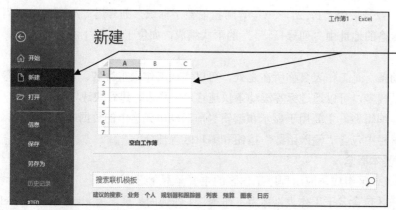

①选择【文件】选项卡→【新建】→"空白工作簿"→【创建】，出现新工作簿，保存如图 3-2（b）所示

（a）新建工作簿

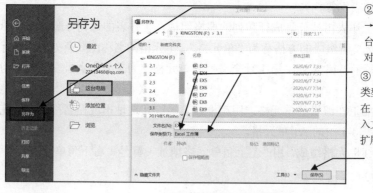

② 选择【文件】选项卡→【另存为】，单击【这台电脑】出现【另存为】对话框

③ 选择考生文件夹、保存类型为【Excel 工作簿】，在【文件名】文本框只输入文件名 EX2，不要输入扩展名.xlsx

④ 单击【保存】按钮

（b）【另存为】对话框操作

图 3-2　创建与保存工作簿

注意

　　保存操作后，Excel 窗口标题栏中的文件名变为 EX2，表明目前正在编辑的工作簿已变为 EX2工作簿，若再进行编辑操作，则是针对 EX2 工作簿了。

2. 打开和保存 Excel 工作簿

【例 3-3】　在考生文件夹下，打开 EX3.xlsx 文件，在 Sheet1 工作表的 K10 单元格内输入文本"2019 年 10 月周历"，保存 EX3.xlsx 文件。

【操作步骤】

打开 EX3.xlsx 工作簿、输入文本以及保存操作如图 3-3 所示。

① 在【此电脑】左侧窗口选择考生文件夹，在右侧窗口双击 EX3.xlsx，打开文件如图 3-3（b）所示

（a）打开工作簿

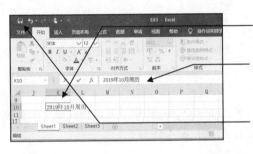

② 在 Sheet1 工作表中，滑动水平、垂直滚动条，找到并单击 K10 单元格

③ 单击编辑栏，出现"|"光标后，输入"2019 年 10 月周历"，按【Enter】键或单击其他单元格结束输入

④ 单击【保存】按钮（或选择【文件】选项卡→单击【保存】命令）

（b）输入文本并保存

图 3-3　编辑与保存工作簿

【说明】

除图中输入文本的方法外，也可以双击 K10 单元格，待 K10 单元格中出现"|"光标后，在光标处直接输入文本"2019 年 10 月周历"。

当输入的内容超过当前单元格宽度，且其右侧单元格 L10 是空白的时，超出单元格部分的内容往往会遮住右侧单元格的一部分，但并不表示输入的内容也放入右侧单元格 L10 中。

3.2.2　工作表的基本操作

【例 3-4】　在考生文件夹下，打开工作簿文件 EX4.xlsx，做下列修改后保存 EX4.xlsx 工作簿：
（1）将 Sheet5 工作表命名为 xyz；（2）在 xyz 工作表右侧插入一个新工作表；（3）删除 Sheet4 工作表。

【操作步骤】

打开和保存工作簿的操作参见【例 3-3】，工作表的操作如图 3-4 所示。

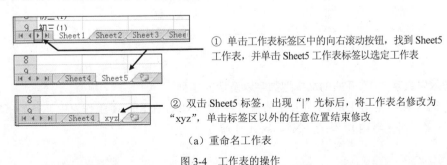

① 单击工作表标签区中的向右滚动按钮，找到 Sheet5 工作表，并单击 Sheet5 工作表标签以选定工作表

② 双击 Sheet5 标签，出现"|"光标后，将工作表名修改为"xyz"，单击标签区以外的任意位置结束修改

（a）重命名工作表

图 3-4　工作表的操作

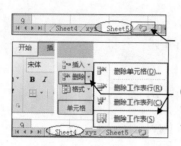

③ 选中 xyz 工作表，单击【插入工作表】按钮，系统自动
生成按序号排列的新工作表 Sheet5，并变为当前工作表

④ 选中 Sheet4 工作表，选择【开始】选项卡→【单元格】组
→【删除】右侧下三角形，在出现的下拉菜单中选择【删除
工作表】即可

（b）插入和删除工作表

图 3-4 工作表的操作（续）

3.2.3 输入数据

在单元格中输入文本、数字的方法可参见【例 3-3】。此处介绍 Excel 提供的一些特殊数值的
输入以及快速输入有规律数据的方法。

1．输入数值和文本数据

【例 3-5】 在考生文件夹下，打开工作簿文件 EX5.xlsx，将下列数据建成一个数据表，存放
在 Sheet1 工作表的 A1:E5 单元格区域内，保存 EX5.xlsx 工作簿。

序号	地区	去年案例数	上升比率	上升案例数
1	A 区	2305	1.01%	
2	B 区	5240	0.56%	
3	C 区	8010	2.00%	
4	D 区	3450	2.20%	

操作步骤

打开和保存工作簿的操作参见【例 3-3】，建数据表的操作如图 3-5 所示。

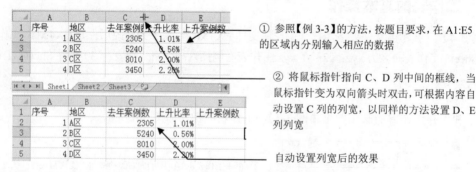

① 参照【例 3-3】的方法，按题目要求，在 A1:E5
的区域内分别输入相应的数据

② 将鼠标指针指向 C、D 列中间的框线，当
鼠标指针变为双向箭头时双击，可根据内容自
动设置 C 列的列宽，以同样的方法设置 D、E
列列宽

自动设置列宽后的效果

图 3-5 建数据表

2．输入以数字"0"开头的文本型数字以及填充序列

【例 3-6】 在考生文件夹下，打开工作簿文件 EX6.xlsx，在 Sheet1 工作表中补齐如下数据（存
放在 A1:E9 单元格区域内），保存 EX6.xlsx 工作簿。

0 开头的文本型数字	班级	科目	星期	等差序列
0101	初二（1）	英语	一	13
0102	初二（2）	英语	二	16
0103	初二（3）	英语	三	19
0104	初二（4）	英语	四	22
0105	初二（5）	英语	五	25
0106	初二（6）	英语	六	28
0107	初二（7）	英语	日	31
0108	初二（8）	英语	一	34

操作步骤

打开和保存工作簿的操作参见【例 3-3】，输入以数字"0"开头的文本型数字，以及填充序列的操作如图 3-6 所示。

① 在 A2 中先输入英文单引号，再输入数字串"0101"。注意：必须是英文单引号，否则系统会将其作为文本而保留；若无引号则作为数值数据，首位字符 0 将自动略去

单元格左上角将出现一绿色三角形

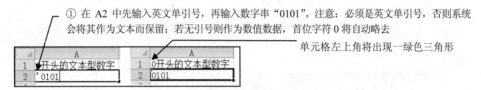

（a）输入"0"开头文本型数字

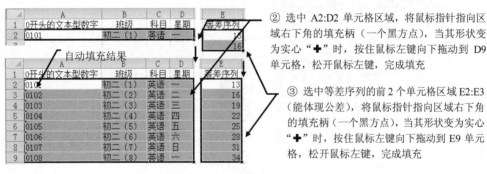

② 选中 A2:D2 单元格区域，将鼠标指针指向区域右下角的填充柄（一个黑方点），当其形状变为实心"✚"时，按住鼠标左键向下拖动到 D9 单元格，松开鼠标左键，完成填充

③ 选中等差序列的前 2 个单元格区域 E2:E3（能体现公差），将鼠标指针指向区域右下角的填充柄（一个黑方点），当其形状变为实心"✚"时，按住鼠标左键向下拖动到 E9 单元格，松开鼠标左键，完成填充

（b）填充序列

图 3-6　输入以数字"0"开头的文本型数字及填充序列

说明

"当前单元格"粗边框的右下角有一个黑方点，称为填充句柄（简称填充柄），拖动填充柄可以产生各种序列。

文字序列"一、二、……、日"是 Excel 内置的自定义序列，所以拖动填充柄时会自动产生该序列。可以通过【文件】选项卡→【选项】，打开【Excel 选项】对话框，选择【高级】→【常规】→【编辑自定义列表】，在【自定义序列】页面中查看 Excel 内置的自定义序列。

填充柄生成等差序列时，必须给出前 1、2 两项（E2、E3）的值，系统会根据两值之差（公差为 3）生成等差序列，如果只选中一个单元格，拖动填充柄将生成公差为 0 的等差序列。

文本型数据拖动填充柄时若有数字，也会自动生成递增的序列，若无则为复制文本，如图 3-6（b）中 A、B、C 列的结果。

3.2.4　编辑工作表

单元格、区域以及行、列的编辑操作都非常类似，下面每种操作仅列举单元格、区域、行、列的一种介绍，其余类型的操作读者可举一反三。

1. 复制和移动

【例 3-7】　在考生文件夹下，打开工作簿文件 EX7.xlsx，将"成绩"工作表 A2:D6 单元格区域的内容复制到 Sheet2 工作表 A1 单元格开始的区域内，保存 EX7.xlsx 工作簿。

操作步骤

打开和保存工作簿的操作参见【例 3-3】，复制操作如图 3-7 所示。

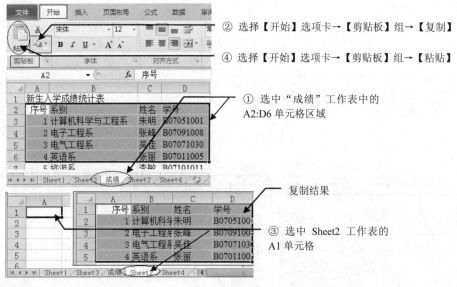

② 选择【开始】选项卡→【剪贴板】组→【复制】

④ 选择【开始】选项卡→【剪贴板】组→【粘贴】

① 选中"成绩"工作表中的 A2:D6 单元格区域

复制结果

③ 选中 Sheet2 工作表的 A1 单元格

图 3-7　复制操作

说明

如果要移动 A2:D6 单元格区域到 Sheet2 工作表 A1 开始的区域中，只需将复制操作中的【复制】改为【剪切】，其余操作相同。

2. 插入、删除和清除单元格内容

【例 3-8】　在考生文件夹下，打开工作簿文件 EX8.xlsx：（1）在 Sheet1 工作表中的第 4 行之前插入 2 行空行；（2）删除 Sheet1 工作表中的 B6 单元格（右侧单元格左移）；（3）清除 C2：E2 单元格区域的内容。保存 EX8.xlsx 工作簿。

操作步骤

打开和保存工作簿的操作参见【例 3-3】，插入、删除和清除单元格内容的操作如图 3-8 所示。

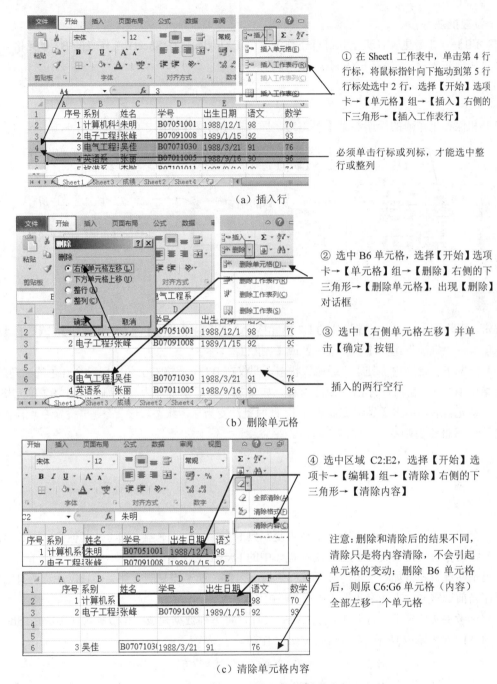

（a）插入行

（b）删除单元格

（c）清除单元格内容

图 3-8 插入、删除和清除单击格内容

说明

进行插入操作时，选择的行（列）数应是所要插入的空行（列）数，本题是 2 行（列），如是 3 行（列），则拖动到第 6 行（列）即可。插入的空行（列）是在所选行的上方（列的左侧）。

删除与清除对象可以是单元格、区域、行、列等，删除操作将会引起单元格的移动，而清除仅是清除对象中的内容、格式或批注等，不会引起单元格的移动。

3．设置批注

【例 3-9】　　在考生文件夹下，打开工作簿文件 EX9.xlsx，在 Sheet1 工作表的 B2 单元格中插入批注"科学与工程"，保存 EX9.xlsx 工作簿。

操作步骤

打开和保存工作簿的操作参见【例 3-3】，插入批注的操作如图 3-9 所示。

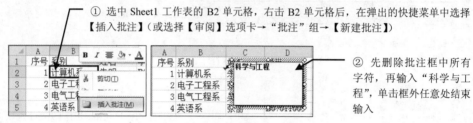

① 选中 Sheet1 工作表的 B2 单元格，右击 B2 单元格后，在弹出的快捷菜单中选择【插入批注】（或选择【审阅】选项卡→"批注"组→【新建批注】）

② 先删除批注框中所有字符，再输入"科学与工程"，单击框外任意处结束输入

图 3-9　插入批注

说明

编辑、删除批注：右击已建批注的 B2 单元格，选择【编辑批注】或【删除批注】；或选择【审阅】选项卡→"批注"组→【编辑批注】或【删除】。

一般情况下，批注内容处于"隐藏"状态，即仅在 B2 单元格右上角出现一个红色的三角形，当鼠标指向 B2 单元格时，才出现批注内容。如果想一直显示批注内容，则可选中 B2 单元格，右击 B2 单元格后，单击【显示/隐藏批注】，此时批注变为显示状态。该命令是开关命令，再次单击【显示/隐藏批注】则变为"隐藏"状态。

练习 3.2

预备工作

将配套资源中第 3 章素材\LX3.1 文件夹复制到 F 盘中（如无 F 盘，则可选其他盘，如 E 盘），以下练习中所指考生文件夹即 F 盘（或 E 盘）中的 LX3.1 文件夹。

如果是在练习软件如"万维考试系统"中做练习题，就不需复制文件夹，只需注意所有操作一定要在当前试题文件夹（参见图 1-9（c））中完成。

（1）在考生文件夹下，打开 EXLX1.xlsx 文件，将下列数据建成一个数据表（存放在 Sheet1 工作表的 A1:E6 区域内），保存 EXLX1.xlsx 工作簿。

序号	省市	收入（百万＄）	人数（万）	所占比例%
1	北京	4459	336	
2	上海	4972	442	
3	浙江	3024	366	
4	福建	2394	99	
	总人数			

（2）在考生文件夹下，打开 EXLX2.xlsx 文件，将 Sheet1 工作表命名为"入境旅游统计表"，保存 EXLX2.xlsx 工作簿。

以下选做。

（3）在考生文件夹下，打开 EXLX3.xlsx 文件，在"成绩"工作表中第 15 行（姓名为"黄鲸池"所在行）前面插入 2 行空行，保存 EXLX3.xlsx 工作簿。

（4）在考生文件夹下，打开 EXLX4.xlsx 文件，删除第 H 列（"综合学分绩"列），保存 EXLX4.xlsx 工作簿。

（5）在考生文件夹下，打开 EXLX5.xlsx 文件，在"销售"工作表的 A4 单元格中输入文本型数据 0201，在 A5:A8 单元格区域中利用"填充柄"填充文本型数字序列：0202，……，0205。利用"填充柄"将 C4 单元格的内容（"台"）填充到 C5:C8 单元格区域内，保存 EXLX5.xlsx 工作簿。

（6）在考生文件夹下，打开 EXLX6.xlsx 文件，将 Sheet3 工作表中 A1:D6 单元格区域的内容复制到 Sheet1 工作表 A1 单元格开始的区域中，保存 EXLX6.xlsx 工作簿。

说明：复制后，Sheet 1 工作表的 C 列出现"########"表示列的宽度不够，只要加宽即可（参见图 3-5 步骤②）。

格式化工作表

预备工作

将配套资源中第 3 章素材\3.2 文件夹复制到 F 盘中（如无 F 盘，则可选其他盘，如 E 盘），以下例题中所指的考生文件夹即 F 盘（或 E 盘）中的 3.2 文件夹。

如果是在练习软件如"万维考试系统"中做练习题，就不需复制文件夹，只需注意所有操作一定要在当前试题文件夹（参见图 1-9（c））中完成。

3.3.1 设置单元格格式

1．合并单元格

【例 3-10】 在考生文件夹下，打开工作簿文件 EX1.xlsx，将 Sheet1 工作表的 A1:H1 单元格合并为一个单元格，内容水平居中，保存 EX1.xlsx 工作簿。

操作步骤

打开和保存工作簿的操作参见【例 3-3】，单元格合并与居中的操作如图 3-10 所示。

选中 Sheet1 工作表的 A1:H1 单元格区域，选择【开始】选项卡→"对齐方式"组→【合并后居中】右侧的下三角形→【合并后居中】

合并居中的结果

图 3-10 单元格合并与居中

2．设置数据格式

【例 3-11】　在考生文件夹下，打开工作簿文件 EX2.xlsx，在 Sheet1 工作表中，设置 C2:C6 单元格区域格式的数字分类为货币（$），保留 2 位小数，保存 EX2.xlsx 工作簿。

操作步骤

打开和保存工作簿的操作参见【例 3-3】，设置数字格式的操作如图 3-11 所示。

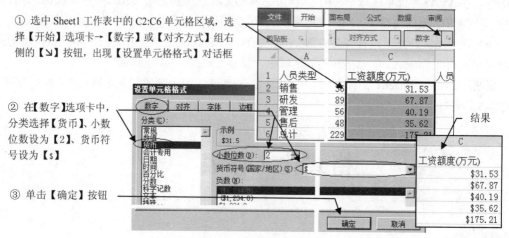

① 选中 Sheet1 工作表中的 C2:C6 单元格区域，选择【开始】选项卡→【数字】或【对齐方式】组右侧的【↘】按钮，出现【设置单元格格式】对话框

② 在【数字】选项卡中，分类选择【货币】、小数位数设为【2】、货币符号设为【$】

③ 单击【确定】按钮

图 3-11　设置数字格式

【例 3-12】　在考生文件夹下，打开工作簿文件 EX3.xlsx，在 Sheet1 工作表中，设置 D2:D5 单元格区域格式为"百分比"型、保留 1 位小数，保存 EX3.xlsx 工作簿。

操作步骤

打开和保存工作簿的操作参见【例 3-3】，设置百分比格式的操作如图 3-12 所示。

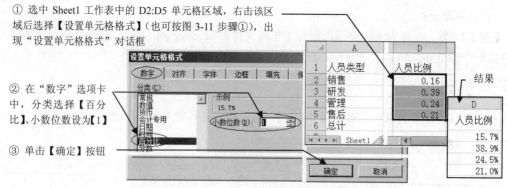

① 选中 Sheet1 工作表中的 D2:D5 单元格区域，右击该区域后选择【设置单元格格式】（也可按图 3-11 步骤①），出现"设置单元格格式"对话框

② 在"数字"选项卡中，分类选择【百分比】、小数位数设为【1】

③ 单击【确定】按钮

图 3-12　设置百分比格式

【例 3-13】　在考生文件夹下，打开工作簿文件 EX4.xlsx，在 Sheet1 工作表中，设置 A1:D1 单元格区域中的内容字体为深红色、黑体、14 号，对齐方式为水平、垂直居中对齐，保存 EX4.xlsx 工作簿。

说明

一般设置字体、对齐方式都可在【开始】选项卡的【字体】组及【对齐方式】组中直接单击相应的按钮实现。若需进行更细致的设置，可单击【字体】、【对齐方式】、【数字】组任意一个右侧的【↘】按钮，在出现的【设置单元格格式】对话框相应页面中实现。

操作步骤

打开和保存工作簿的操作参见【例 3-3】，设置单元格格式和对齐方式如图 3-13 所示。

③ 在【开始】选项卡的"字体"组中选择深红色、黑体、14 号

设置结果

② 在【开始】选项卡的"对齐方式"组，分别单击【水平居中】和【垂直居中】按钮

① 选中 Sheet1 工作表中的 A1:D1 单元格区域

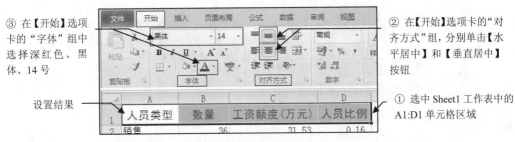

图 3-13　设置单元格格式和对齐方式

3．设置条件格式

【例 3-14】　在考生文件夹下，打开工作簿文件 EX5.xlsx，在 Sheet1 工作表中，利用条件格式，将"数量"列单元格内容大于 50 的值的单元格设置为红色文本，保存 EX5.xlsx 工作簿。

操作步骤

打开和保存工作簿的操作参见【例 3-3】，设置条件格式的操作如图 3-14 所示。

① 选中 Sheet1 工作表中的 B2:B5 单元格区域

② 选择【开始】选项卡→【样式】组→【条件格式】右侧下三角形→【突出显示单元格规则】→【大于】

③ 在出现的【大于】对话框中输入 50，选择【红色文本】后单击【确定】按钮

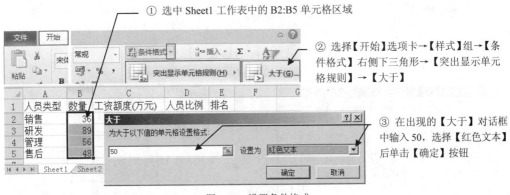

图 3-14　设置条件格式

说明

删除条件格式的方法是：选中已设置条件格式的区域，选择【开始】选项卡→"样式"组→【条件格式】右侧下三角形→【管理规则】，在【条件格式规则管理器】对话框中选中已设的规则，选【删除规则】→【确定】。

3.3.2　设置边框和底纹

【例 3-15】　在考生文件夹下，打开工作簿文件 EX6.xlsx，在 Sheet1 工作表中，给区域 A2:H7 加蓝色单粗实线外框、红色单细实线内框；在区域 A2:H2 与 A3:H3 之间加绿色细双实线，保存 EX6.xlsx 工作簿。

操作步骤

打开和保存工作簿的操作参见【例 3-3】，设置框线的操作如图 3-15 所示。

① 选中 Sheet1 工作表中的区域 A2:H7，选择【开始】选项卡→【字体】组右侧的【↘】按钮，出现【设置单元格格式】对话框

（a）选择【设置单元格格式】

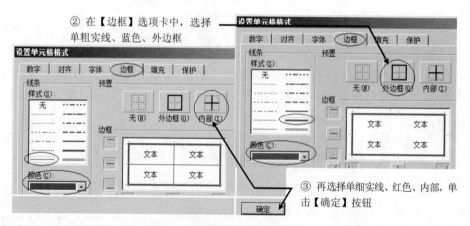

② 在【边框】选项卡中，选择单粗实线、蓝色、外边框

③ 再选择单细实线、红色、内部，单击【确定】按钮

（b）设置内、外框线

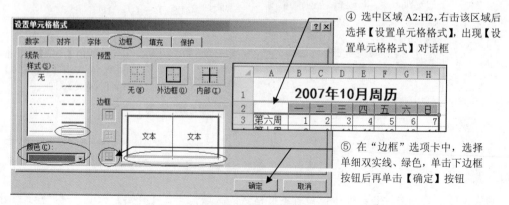

④ 选中区域 A2:H2，右击该区域后选择【设置单元格格式】，出现【设置单元格格式】对话框

⑤ 在"边框"选项卡中，选择单细双实线、绿色，单击下边框按钮后再单击【确定】按钮

（c）设置两行之间的内框线

图 3-15　设置框线

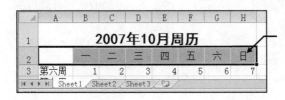

（d）设置结果

图 3-15　设置框线（续）

【例 3-16】　在考生文件夹下，打开工作簿文件 EX7.xlsx，在 Sheet1 工作表中，给区域 A2:H2
设置图案颜色为"白色，背景 1，深色 35%"，图案样式为"6.25%灰色"，背景色为"黄色"，保
存 EX7.xlsx 工作簿。

操作步骤

打开和保存工作簿的操作参见【例 3-3】，设置底纹的操作如图 3-16 所示。

① 选中 Sheet1 工作表中的 A2:H2 区域，
右击该区域后选择【设置单元格格式】，
出现【设置单元格格式】对话框

（a）选"设置单元格格式"

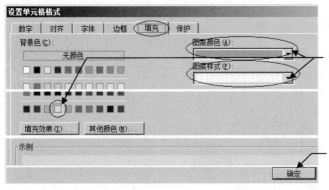

② 选择"填充"选项卡，设置
背景色为"黄色"，图案颜色为
"白色，背景 1，深色 35%"，图
案样式为"6.25%灰色"

③ 单击【确定】按钮

（b）填充设置

图 3-16　设置底纹

3.3.3　设置行高与列宽

【例 3-17】　在考生文件夹下，打开工作簿文件 EX8.xlsx，在 Sheet1 工作表中，设置第 1 行
行高为 25，第 B 列至第 H 列为"自动调整列宽"，保存 EX8.xlsx 工作簿。

操作步骤

打开和保存工作簿的操作参见【例 3-3】，设置行高与列宽的操作如图 3-17 所示。

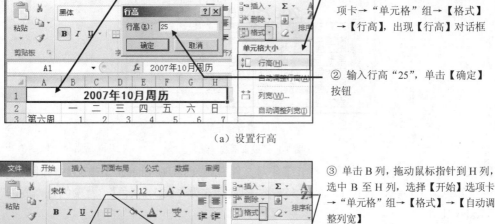

（a）设置行高

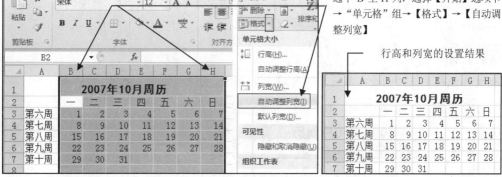

（b）设置列宽

图 3-17　设置行高与列宽

3.3.4　设置自动套用格式

【例 3-18】　在考生文件夹下，打开工作簿文件 EX9.xlsx，对 Sheet1 工作表中的 A1:C6 单元格区域设置"红色，表样式中等深浅 3"的表格格式，保存 EX9.xlsx 工作簿。

操作步骤

打开和保存工作簿的操作参见【例 3-3】，设置自动套用格式的操作如图 3-18 所示。

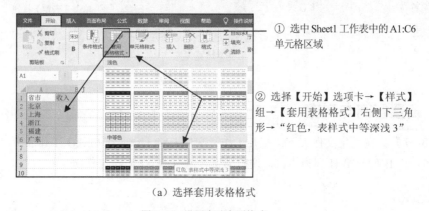

（a）选择套用表格格式

图 3-18　设置自动套用格式

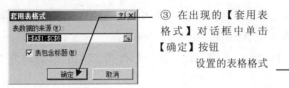 

③ 在出现的【套用表格式】对话框中单击【确定】按钮

设置的表格格式

（b）对话框及结果

图 3-18　设置自动套用格式（续）

练习 3.3

预备工作

将配套资源中第 3 章素材\LX3.2 文件夹复制到 F 盘中（如无 F 盘，则可选其他盘，如 E 盘），以下练习中所指考生文件夹即 F 盘（或 E 盘）中的"LX3.2"文件夹。

如果是在练习软件如"万维考试系统"中做练习题，就不需复制文件夹，只需注意所有操作一定要在当前试题文件夹（参见图 1-9（c））中完成。

（1）在考生文件夹下，打开 EXLX1.xlsx 文件，在"成绩"工作表中，设置"平均成绩"列单元格的数字分类为数值，小数位数为 0；设置"综合学分成绩"列单元格的数字分类为百分比，保留 1 位小数，保存 EXLX1.xlsx 工作簿。

（2）在考生文件夹下，打开 EXLX2.xlsx 文件，在"成绩"工作表中，利用条件格式将数字小于 60 的单元格字体设置为红色，保存 EXLX2.xlsx 工作簿。

（3）在考生文件夹下，打开 EXLX3.xlsx 文件，在"成绩"工作表中利用条件格式将物理分数介于 70 与 80 的单元格字体设置为蓝色，保存 EXLX3.xlsx 工作簿。

提示：在【突出显示单元格规则】中选择【介于】，并在"设置为"下拉列表框中选择"自定义格式"设置蓝色字体。

（4）在考生文件夹下，打开 EXLX4.xlsx 文件，在"成绩"工作表中利用条件格式将排名前 5 位的单元格设置为"浅红色填充"，保存 EXLX4.xlsx 工作簿。

提示：在【项目选取规则】中选择【值最小的 10 项】，并修改为"5"，在"设置为"下拉列表框中选择"浅红色填充"。

（5）在考生文件夹下，打开 EXLX5.xlsx 文件，利用条件格式将 D3:D22 区域内的内容为"优秀"的单元格字体颜色设置为绿色，保存 EXLX5.xlsx 工作簿。

提示：在【突出显示单元格规则】中选择【等于】，并输入"优秀"，在"设置为"下拉列表框中选择"自定义格式"设置绿色字体。

（6）在考生文件夹下，打开 EXLX6.xlsx 文件，将"销售"工作表的 A1:F1 单元格合并为一个单元格，水平对齐方式设置为居中；C2:E2 单元格合并为一个单元格，内容水平居中，保存 EXLX6.xlsx 工作簿。

（7）在考生文件夹下，打开 EXLX7.xlsx 文件，将"销售"工作表中 A2:F8 区域的全部框线设置为单细双线样式，颜色为蓝色；设置"总价"列数字分类为货币（¥），保存 EXLX7.xlsx 工作簿。

（8）在考生文件夹下，打开 EXLX8.xlsx 文件，将 Sheet1 工作表中的 A2:D7 数据区域设置为"橄榄色，表样式深色 4"表格格式，保存 EXLX8.xlsx 工作簿。

以下选做。

（9）在考生文件夹下，打开 EXLX9.xlsx 文件，设置"销售"工作表中 A1:F1 单元格的文字格式为隶书、18 号、加粗、红色，保存 EXLX9.xlsx 工作簿。

（10）在考生文件夹下，打开 EXLX10.xlsx 文件，设置第一行行高 35，A 到 F 列为"自动调整列宽"，保存 EXLX10.xlsx 工作簿。

3.4　公式与函数的使用

Excel 中的公式分为两大类，一类是 Excel 提供的内置函数，另一类是用户自编的公式。用户可以通过数学运算符以及括号组织计算公式。函数既可以单独使用，也可以出现在公式中。

输入公式的形式为"=表达式"。其中，表达式由运算符、常量、单元格地址、函数及括号组成，不能包括空格。

预备工作

将配套资源中第 3 章素材\3.3 文件夹复制到 F 盘中（如无 F 盘，则可选其他盘，如 E 盘），以下例题中所指考生文件夹即 F 盘（或 E 盘）中的 3.3 文件夹。

如果是在练习软件如"万维考试系统"中做练习题，就不需复制文件夹，只需注意所有操作一定要在当前试题文件夹（参见图 1-9（c））中完成。

3.4.1　常用函数

1．求和函数 SUM

【例 3-19】　在考生文件夹下，打开工作簿文件 EX1.xlsx，在"入境旅游"工作表中，用 SUM 函数分别计算收入、人数的总和，分别置于 B13、C13 单元格中，保存 EX1.xlsx 工作簿。

操作步骤

打开和保存工作簿的操作参见【例 3-3】，应用求和函数 SUM 的操作如图 3-19 所示。

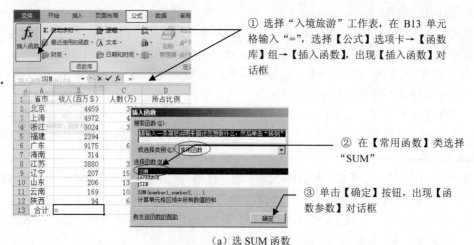

（a）选 SUM 函数

图 3-19　求和函数 SUM 的应用

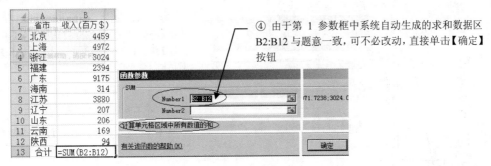

④ 由于第 1 参数框中系统自动生成的求和数据区 B2:B12 与题意一致，可不必改动，直接单击【确定】按钮

（b）参数操作

⑤ 选中 B13，将鼠标指针指向 B13 右下角的填充柄，当形状变为实心"＋"时，将其向右拖动到 C13 松开，完成人数的求和操作

拖动填充柄的结果

（c）用填充柄完成其他求和计算

图 3-19 和函数 SUM 的应用（续）

说明

在 B13 单元格中生成的函数是"＝SUM（B2:B12）"，当向右拖动 B13 单元格的填充柄到 C13 单元格时，在 C13 单元格中填充的函数是"＝SUM（C2:C12）"，这恰好是 C13 单元格所需要的计算人数之和的函数。

相对地址 函数"＝SUM（B2:B12）"中的 B2、B12 是单元格相对地址的表示格式，相对地址的特点是当此单元格内容填充到另一单元格时，单元格的地址会发生相对变化。

以本例为例，用鼠标拖动 B13 填充柄到 C13 时，其变化规则：因为行仍是 13 没有变化，而列由 B 递增变为 C，那么原 B13 中的函数"＝SUM（B2:B12）"中的相对地址 B2、B12 在填充到 C13 时行标也不变，列标则会随之递增从而变为 C2、C12，C13 中生成的函数变为"＝SUM（C2:C12）"，这正是我们所希望在 C13 得到的函数。相对地址的这一特点提供了利用填充柄功能快速输入具有共性的一列或一行函数及公式的方法。

2．求平均值函数 AVERAGE

【例 3-20】 在考生文件夹下，打开工作簿文件 EX2.xlsx，在"入境旅游"工作表中，用 AVERAGE 函数分别计算收入、人数的平均值，并分别置于 B13、C13 单元格中，保存 EX2.xlsx 工作簿。

操作步骤

打开和保存工作簿的操作参见【例 3-3】，应用求平均值函数 AVERAGE 的操作如图 3-20 所示。

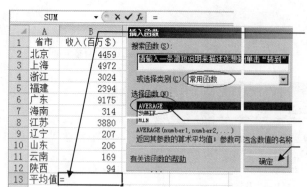

① 选择"入境旅游"工作表，在 B13 单元格输入"="，选择【公式】选项卡→【函数库】组→【插入函数】，出现【插入函数】对话框（参见图 3-19（a）中步骤①）

② 在"常用函数"类选"AVERAGE"

③ 单击【确定】按钮，出现【函数参数】对话框

（a）选 AVERAGE 函数

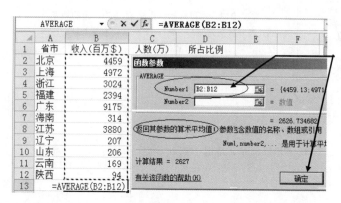

④ 由于第 1 参数框中系统自动生成的求平均值区域 B2:B12 与题意一致，可不必改动，直接单击【确定】按钮

（b）参数操作

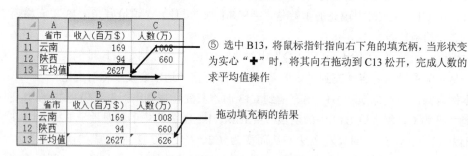

⑤ 选中 B13，将鼠标指针指向右下角的填充柄，当形状变为实心"＋"时，将其向右拖动到 C13 松开，完成人数的求平均值操作

拖动填充柄的结果

（c）用填充柄完成其他求平均值计算

图 3-20　求平均值函数 AVERAGE 的应用

3．求最大、最小值函数 MAX 和 MIN

【例 3-21】　在考生文件夹下，打开工作簿文件 EX3.xlsx，在"入境旅游"工作表中，用 MAX 函数统计收入、人数的最高值，并分别置于 B13、C13 单元格中；用 MIN 函数统计收入、人数的最低值，并分别置于 B14、C14 单元格中，保存 EX3.xlsx 工作簿。

操作步骤

打开和保存工作簿的操作参见【例 3-3】，应用最值函数的操作如图 3-21 所示。

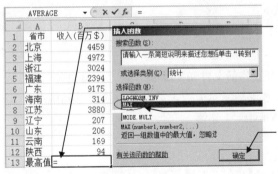

① 选择"入境旅游"工作表，在 B13 单元格输入"="，选择【公式】选项卡→【函数库】组→【插入函数】，出现【插入函数】对话框（参见图 3-19（a）中步骤①）

② 在"统计"类选"MAX"

③ 单击【确定】按钮，出现【函数参数】对话框，如图 3-21（b）所示

（a）选 MAX 函数

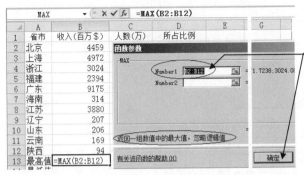

④ 由于第 1 参数框中系统自动生成的求最大值区域 B2:B12 与题意一致，可不必改动，直接单击【确定】按钮

（b）参数操作

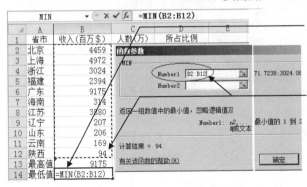

⑤ 在 B14 单元格输入"="，选择【插入函数】，在出现的【插入函数】对话框中选择【MIN】后单击【确定】按钮，出现【函数参数】对话框

⑥ 第 1 参数框中系统自动生成的数据区域 B2:B13 与题意不一致，必须修改。将光标定位在第 1 参数框中，拖动鼠标选取区域 B2:B12，所选区域四周将出现闪烁的虚线框，单击【确定】按钮

（c）设置求最小值函数 MIN

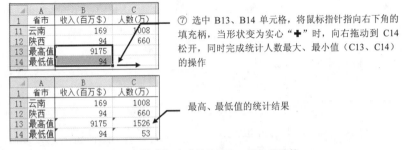

⑦ 选中 B13、B14 单元格，将鼠标指针指向右下角的填充柄，当形状变为实心"✚"时，向右拖动到 C14 松开，同时完成统计人数最大、最小值（C13、C14）的操作

最高、最低值的统计结果

（d）用填充柄完成其他最大、最小值计算

图 3-21 最值函数的应用

说明

在"常用函数"类中一般存放常用的或已经使用过的函数，用户可以在"全部"类中查找到

所有的 Excel 的内部函数。

3.4.2　公式

【例 3-22】　在考生文件夹下，打开工作簿文件 EX4.xlsx，在"入境旅游"工作表中，用公式计算"所占比例"列的内容（所占比例＝人数/总人数，总人数即 C13 单元格中的值），并用百分比格式表示，保留 1 位小数，保存 EX4.xlsx 工作簿。

操作步骤

打开和保存工作簿的操作参见【例 3-3】，在"入境旅游"工作表中，自编公式计算"所占比例"列的操作如图 3-22 所示。

① 双击 D2，当 D2 中出现闪烁的光标时，依次输入"＝"、单击 C2、输入"/"（即除号）、单击 C13，转图 3-22（b）

（a）输入公式步骤之 1

② 将光标定位在"C13"3 个符号中的任意位置，按功能键【F4】，使 C13 变为绝对地址格式\$C\$13，按【Enter】键，完成 D2 单元格的公式输入

（b）输入公式步骤之 2

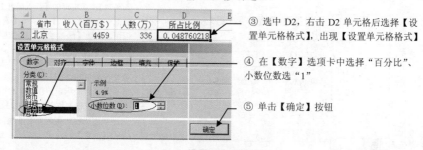

③ 选中 D2，右击 D2 单元格后选择【设置单元格格式】，出现【设置单元格格式】

④ 在【数字】选项卡中选择"百分比"、小数位数选"1"

⑤ 单击【确定】按钮

（c）设置百分比格式

⑥ 向下拖动 D2 的填充柄到 D12，完成其他单元格公式的输入

操作结果

（d）用填充柄完成其他单元格公式的输入

	A	B	C	D
1	省市	收入(百万$)	人数(万)	所占比例
2	北京	4459	336	4.9%
3	上海	4972	442	#DIV/0!
	浙江	3904	366	
12	陕西	94	660	#DIV/0!
13	总人数		6885	

如果 D2 单元格中除数 C13 用相对地址表示，那么向下拖动 D2 的填充柄，按照相对地址的规定，D3 中产生的公式是"＝C3/C14"即 442/空白单元格，从而出现"被 0 除"的错误
因此，当希望公式中某单元格地址在拖动填充柄时不变，必须使用绝对地址

（e）分母是相对地址时的复制情况

图 3-22　自编公式计算所占比例

　　绝对地址　如果在相对地址格式 C13 的列标、行标前加 "$"，即变为绝对地址格式$C$13。设置绝对地址的方法是：将光标定位在 "C13" 3 个符号中的任意位置处，按键盘上的功能键【F4】即可，如图 3-22（b）所示。

　　D2 单元格中的公式 "＝C2/$C$13" 中的除数使用了绝对地址格式。绝对地址格式$C$13与相对地址格式 C13 在公式中都表示相同的单元格；作用是相同的。绝对地址格式的特点是：单元格内容中用绝对地址格式表示的地址通过填充柄填充到其他单元格时，其行标和列标始终不变。

　　以本例为例，当向下拖动 D2 填充柄到 D3 时，D2 公式中的相对地址 C2 将变为 C3，而绝对地址$C$13 则不变，因此填充到 D3 的内容是 "＝C3/$C$13"，这也正是我们所希望得到的结果。即分子单元格的地址要随行的变化而相对变化，分母单元格的地址始终不变。

　　如果 D2 单元格的除数用相对地址 C13 表示，那么向下拖动 D2 单元格的填充柄将产生错误的结果，如图 3-22（e）所示。

3.4.3　其他函数介绍

1．众数函数 MODE
返回在某一数组或数据区域中出现频率最高的数值。

　　【例 3-23】　在考生文件夹下，打开工作簿文件 EX5.xlsx，在 Sheet3 工作表中计算职工的 "普遍工资" 置于 E6 单元格（利用 MODE 函数），保存 EX5.xlsx 工作簿。

　　打开和保存工作簿的操作参见【例 3-3】，选中 Sheet3 工作表，应用 MODE 函数的操作如图 3-23 所示。

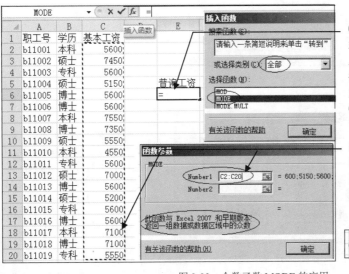

① 在 E6 单元格输入 "="，选择【公式】选项卡→【函数库】组→【插入函数】，在【插入函数】对话框选择【全部】类的【MODE】，单击【确定】按钮（参见图 3-19（a）中步骤①）

② 将光标定位在第 1 参数框中，拖动鼠标指针选取区域 C2:C20，所选区域四周将出现闪烁的虚线框，单击【确定】按钮

函数结果说明出现频率最高的数是 5600

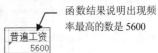

图 3-23　众数函数 MODE 的应用

2．排位函数 RANK

返回一个数字在数字列表中的排位。数字的排位是其值与列表中其他值的比值（如果列表已排过序，则数字的排位就是它当前的位置）。

【例 3-24】 在考生文件夹下，打开工作簿文件 EX6.xlsx，在"消费统计"工作表中，按"收入"列的降序次序计算"排名"列的内容（利用 RANK 函数），保存 EX6.xlsx 工作簿。

操作步骤

打开和保存工作簿的操作参见【例 3-3】，选中"消费统计"工作表，应用 RANK 函数的操作如图 3-24 所示。

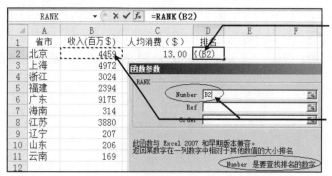

① 在 D2 单元格输入"="，选择【公式】选项卡→"函数库"组→【插入函数】，在【插入函数】对话框选择【全部】类的【RANK】，单击【确定】按钮（参见图 3-19(a)中步骤①）

② 将光标定位在参数 1 框中，根据该参数说明，应输入待排位的数，故单击 B2

（a）输入参数 1

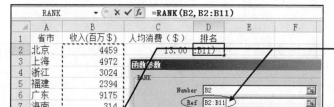

③ 将光标定位在参数 2 框中，根据该参数说明，应输入待排位的数字范围，故拖动鼠标选取区域 B2:B11

（b）输入参数 2

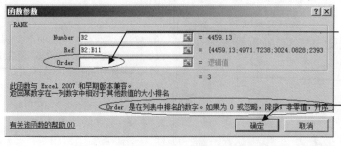

④ 将光标定位在参数 3 框中，根据该参数说明，应指定排位方式，本例是按降序排序，可以输入 0 或忽略，此处选择忽略

⑤ 单击【确定】按钮

（c）输入参数 3

图 3-24　排位函数 RANK 的应用

⑥ D2 公式中排位范围为 B2:B11，在向下拖动填充柄生成其他单元格的公式时应保持不变，故应将其改为绝对地址：将光标定位在 B2 中，按【F4】键，再将光标定位在 B11 中，按【F4】键，再按【Enter】键才能退出编辑

⑦ 选中 D2，向下拖动 D2 的填充柄到 D11，完成其他单元格公式的输入，结果如图 3-24（e）所示

（d）生成其他单元格的排名

⑧ D2 中公式：=RANK(B2,$B$2:$B$11)，D2 的值"3"表示 B2 的值"4459"在数据范围 B2:B11 中按降序（从大到小）排名是第 3

⑨ 向下拖动 D2 的填充柄，按照相对、绝对地址的规定，D3 中的公式：=RANK(B3,$B$2:$B$11)，D3 的值"2"表示 B3 的值"4972"在数据范围 B2:B11 中按降序排名是第 2。依次类推，可见公式中的区域必须用绝对地址$B$2:$B$11 才能保证填充时区域是不变的

（e）排位结果与说明

图 3-24　排位函数 RANK 的应用（续）

说明

D2 单元格中生成的函数：=RANK（B2,$B$2:$B$11），RANK 函数有 3 个参数，用逗号分隔。第 1 个参数是要排位的数字，一般是某单元格（B2）；第 2 个参数是排位的数据范围，一般是一个区域（B2:B11）；第 3 个参数是排位方式，降序或升序，降序之意是按照待排位数据（B2 的数值 4459）在数据范围（B2:B11）内从大到小排第几，升序则是从小到大排第几，忽略此参数则默认是降序（如本例），如是非 0 数，则表示升序。

3．条件判断函数 IF

执行真假值判断，根据逻辑计算真假值，返回不同结果。

【例 3-25】　在考生文件夹下，打开工作簿文件 EX7.xlsx，在"消费统计"工作表中，如果人均消费超过 1000 $，就在"备注"列内给出信息"消费较高"，否则内容为"　"（一个空格）（利用 IF 函数），保存 EX7.xlsx 工作簿。

操作步骤

打开和保存工作簿的操作参见【例 3-3】，选中"消费统计"工作表，应用 IF 函数的操作如图 3-25 所示。

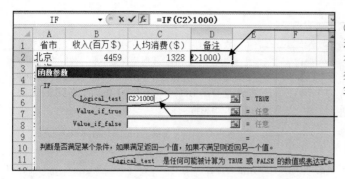

① 在 D2 单元格输入 "="，选择【公式】选项卡→【函数库】组→【插入函数】，在【插入函数】对话框选择 "常用函数" 类的【IF】，单击【确定】按钮（参见图 3-19（a）中步骤①）

② 将光标定位在参数 1 框中，根据该参数说明，输入判断条件，即单击 C2，在英文状态下输入 ">1000"

（a）输入参数 1

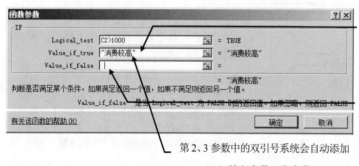

③ 将光标定位在参数 2 框中，根据该参数说明，应输入条件为 "真" 时的返回值，即输入 "消费较高"

④ 将光标定位在参数 3 框中，根据该参数说明，应输入条件为 "假" 时的返回值，即输入空格（按空格键），单击【确定】按钮

第 2、3 参数中的双引号系统会自动添加

（b）输入参数 2 和参数 3

也可以在 D2 中按照 IF 函数的格式直接输入公式（除汉字外一律在英文状态下输入）

⑤ 选中 D2，向下拖动 D2 的填充柄到 D12，完成其他单元格公式的输入，图中显示的是操作后的结果

（c）用填充柄完成其他单元格公式的输入

图 3-25　条件判断函数 IF 的应用 1

说明

D2 单元格中生成的函数：=IF（C2>1000,"消费较高",""）。IF 函数中有 3 个参数，用逗号隔开。第 1 个参数是逻辑判别式，如果逻辑判别式的值为真，就返回第 2 个参数的内容；如果逻辑判别式的值为假，则返回第 3 个参数的内容。

第 2、3 个参数中的内容如果是文本，则文本两侧要加引号，在 "函数参数" 对话框中输入时，系统会自动添加。但是在 D2 中直接输入等于号 "="，后面接着输入 IF 函数时，第 2、3 个参数中的内容如果是文本，则文本两侧的引号必须输入。

【例 3-26】　在考生文件夹下，打开工作簿文件 EX8.xlsx，在 Sheet1 工作表中，如果高数成绩大于等于 80 分且英语成绩大于等于 85 分，在 "备注" 列内给出信息 "优良"，否则内容为 "/"

（利用 IF 函数），保存 EX8.xlsx 工作簿。

操作步骤

打开和保存工作簿的操作参见【例 3-3】，选中 Sheet1 工作表，应用 IF 函数的操作如图 3-26 所示。

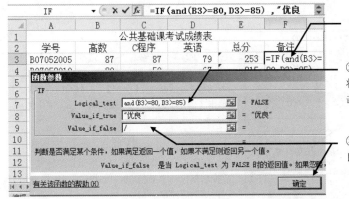

① 参照【例 3-25】在 F3 单元格选择 IF 函数

② 将光标定位在参数 1 框中，在英文状态下依次输入判断条件："and("、单击 B3、">=80,"、单击 D3、">=85)"

③ 在参数 2、参数 3 框中分别输入"优良""/"，单击【确定】按钮

（a）在 F3 单元格设置 IF 函数

④ 选中 F3，向下拖动 F3 的填充柄到 F16，完成其他单元格公式的输入，图中显示的是操作后的结果

（b）用填充柄完成其他单元格公式的输入

图 3-26　条件判断函数 IF 的应用 2

说明

IF 函数第 1 个参数框中"与""或"条件的设置格式如下。

"与"条件的格式：AND(t1,t2)。"或"条件的格式：OR(t1,t2)。其中 t1 和 t2 为具体的条件表达式。

条件：高数成绩大于等于 80 分且英语成绩大于等于 85 分，在"备注"列内给出信息"优良"，否则内容为"/"，还可以利用 IF 函数的嵌套实现，方法如下。

IF（高数>=80，IF（英语>=85，"优良"，"/"），"/"）

4．条件计数函数 COUNTIF

计算区域中满足给定条件的单元格的个数。

【例 3-27】　在考生文件夹下，打开工作簿文件 EX9.xlsx，在 Sheet3 工作表中，计算学历为专科、本科、硕士、博士的人数置于 F2:F5 单元格（利用 COUNTIF 函数），保存 EX9.xlsx 工作簿。

操作步骤

打开和保存工作簿的操作参见【例 3-3】，选中 Sheet3 工作表，应用 COUNTIF 函数的操作如图 3-27 所示。

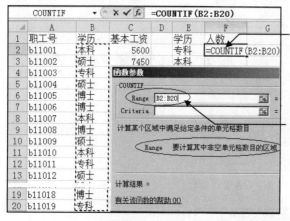

① 在 F2 单元格输入"="，选择【公式】选项卡→"函数库"组→【插入函数】，在【插入函数】对话框选择【全部】类的【COUNTIF】，单击【确定】按钮（参见图 3-19（a）中步骤①）

② 将光标定位在参数 1 框中，根据该参数说明，应输入待计算的非空单元格数目的区域，故拖动鼠标选中 B2:B20，所选区域四周将出现闪烁的虚线框

（a）选择 COUNTIF 函数并输入参数 1

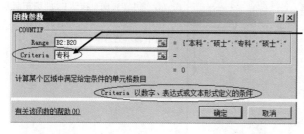

③ 将光标定位在参数 2 框中，根据该参数说明，应输入条件：专科（引号由系统自动添加，不必输入），单击【确定】按钮，用同样的方法分别统计本科、硕士、博士的人数置于 F3:F5 单元格，结果如图 3-27（c）所示

（b）输入参数 2

学历	人数
专科	4
本科	4
硕士	5
博士	6

（c）统计结果

图 3-27　条件计数函数 COUNTIF 的应用

说明

F2 单元格中生成的函数为=COUNTIF(B2:B20,"专科")。COUNTIF 函数中有 2 个参数，第 1 个参数是待计算的非空单元格数目的区域 B2:B20，第 2 个参数是计算所需要满足的条件"专科"，即计算区域 B2:B20 中值等于"专科"的单元格的个数。

本题由于要统计的学历为专科、本科、硕士、博士的人数正好是存放在连续的单元格区域中的，故步骤③也可以用以下方法实现。

将光标定位在条件框，单击 E2 单元格（因为单元格内容也是"专科"），单击【确定】按钮，然后将公式中的区域改为绝对地址,即=COUNTIF($B$2:$B$20,E2),向下拖动 F2 单元格的填充柄以复制公式到 F3:F5 单元格区域。

5. 条件求和函数 SUMIF

根据指定条件对若干单元格求和。

【例 3-28】 在考生文件夹下,打开工作簿文件 EX10.xlsx,在 Sheet3 工作表中,计算男职工基本工资的总和置于 C14 单元格内(利用 SUMIF 函数),保存 EX10.xlsx 工作簿。

操作步骤

打开和保存工作簿的操作参见【例 3-3】,选中 Sheet3 工作表,应用 SUMIF 函数的操作如图 3-28 所示。

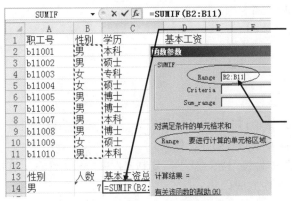

① 在 C14 单元格输入 "=",选择【公式】选项卡→【函数库】组→【插入函数】,在【插入函数】对话框选择【数学与三角函数】类【SUMIF】,单击【确定】按钮(参见图 3-19(a)中步骤①)

② 将光标定位在参数 1 框中,根据该参数说明,应输入待计算单元格区域,故拖动鼠标选中 B2:B11,所选区域四周将出现闪烁的虚线框

(a)选择 SUMIF 函数并输入参数 1

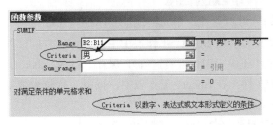

③ 将光标定位在参数 2 框中,根据该参数说明,应输入条件:男(引号由系统自动添加,不必输入)

(b)输入参数 2

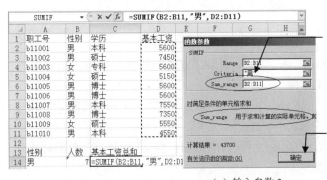

④ 将光标定位在参数 3 框中,根据该参数说明,应输入用于求和计算的实际单元格区域,故拖动鼠标选中 D2:D11,所选区域四周将出现闪烁的虚线框

⑤ 单击【确定】按钮,结果如图 3-28(d)所示

(c)输入参数 3

图 3-28 条件求和函数 SUMIF 的应用

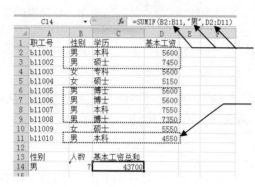

⑥ SUMIF 函数的第 1 个参数是待判定条件的区域，第 2 个参数是上述区域应满足的条件，第 3 个参数则是求和的实际区域

⑦ 本例 SUMIF 函数计算的是 B2:B11 中满足条件"男"的职工相应的基本工资，即 5600、7450、5600、5600、7550、7350、4550 的和

（d）条件求和的结果与说明

图 3-28　条件求和函数 SUMIF 的应用（续）

练习 3.4

预备工作

将配套资源中第 3 章素材\LX3.3 文件夹复制到 F 盘中（如无 F 盘，则可选其他盘，如 E 盘），以下练习中所指考生文件夹即 F 盘（或 E 盘）中的 LX3.3 文件夹。

如果是在练习软件如"万维考试系统"中做练习题，就不需复制文件夹，只需注意所有操作一定要在当前试题文件夹（参见图 1-9（c））中完成。

（1）在考生文件夹下，打开 EXLX1.xlsx 文件，在 Sheet1 工作表中用公式计算产量的总计和所占百分比的内容（所占百分比=产量/总计），保存 EXLX1.xlsx 工作簿。

提示：计算"所占百分比"时，公式中的分母"总计"单元格地址要用绝对地址。

（2）在考生文件夹下，打开 EXLX2.xlsx 文件，在 Sheet1 工作表中用公式计算"同比增长"行内容（同比增长=（2011 年销售值-2010 年销售值）/2010 年销售值），保存 EXLX2.xlsx 工作簿。

（3）在考生文件夹下，打开 EXLX3.xlsx 文件，在 Sheet1 工作表中，按第 2 行每个成绩所占比例计算"总成绩"列的内容，保存 EXLX3.xlsx 工作簿。

提示：计算公式为"初赛成绩×0.1+复赛成绩×0.2+决赛成绩×0.7"。

（4）在考生文件夹下，打开 EXLX4.xlsx 文件，计算"成绩"工作表中总分列的内容，保存 EXLX4.xlsx 工作簿。

提示：请用求和函数计算总分。

（5）在考生文件夹下，打开 EXLX5.xlsx 文件，计算"成绩"工作表中各科的平均成绩并置于"平均成绩"行，保存 EXLX5.xlsx 工作簿。

（6）在考生文件夹下，打开 EXLX6.xlsx 文件，在 Sheet1 工作表中计算各科的最高分并置于"最高分"行，保存 EXLX6.xlsx 工作簿。

（7）在考生文件夹下，打开 EXLX7.xlsx 文件，在 Sheet1 工作表中计算各科的最低分并置于"最低分"行，保存 EXLX7.xlsx 工作簿。

（8）在考生文件夹下，打开 EXLX8.xlsx 文件，在 Sheet1 工作表中计算各种题型的普遍得分并置于"普遍得分"行（利用 MODE 函数），保存 EXLX8.xlsx 工作簿。

（9）在考生文件夹下，打开 EXLX9.xlsx 文件，在 Sheet1 工作表中按总分的递减顺序计算"排名"列的内容（利用 RANK 函数），保存 EXLX9.xlsx 工作簿。

（10）在考生文件夹下，打开 EXLX10.xlsx 文件，在 Sheet1 工作表中，在"备注"列内给出以下信息：总分在 60 分及以上为"合格"，其他为"不合格"（利用 IF 函数），保存 EXLX10.xlsx 工作簿。

（11）在考生文件夹下，打开 EXLX11.xlsx 文件，在 Sheet1 工作表中，如果语文和数学成绩均大于等于 80 分，就在"备注"列给出信息"优良"，否则给出信息"一般"（利用 IF 函数），保存 EXLX11.xlsx 工作簿。

（12）在考生文件夹下，打开 EXLX12.xlsx 文件，在 Sheet1 工作表中，如果总分大于等于 70 分且小于 79，就在"等级"列给出信息"良好"，其他为""（利用 IF 函数），保存 EXLX12.xlsx 工作簿。

（13）在考生文件夹下，打开 EXLX13.xlsx 文件，在 Sheet1 工作表中，如果数学、语文、英语的成绩均大于等于 100，就在"备注"列给出"优良"信息，否则内容为"/"（利用 IF 函数），保存 EXLX13.xlsx 工作簿。

（14）在考生文件夹下，打开 EXLX14.xlsx 文件，在 Sheet1 工作表中，分别计算班级为"财会 A""财会 B""财会 C"的人数置于 I5:I7 单元格区域内（利用 COUNTIF 函数），保存 EXLX14.xlsx 工作簿。

（15）在考生文件夹下，打开 EXLX15.xlsx 文件，在 Sheet1 工作表中，分别计算班级为"财会 A""财会 B""财会 C"的单选题的平均得分，置结果于 J5:J7 单元格区域内（利用 SUMIF 函数），保存 EXLX15.xlsx 工作簿。

提示：公式中的分子为各班"单选题"的总和（用 SUMIF 计算），分母为各班的人数（I5:I7 区域中相应的单元格）。

（16）在考生文件夹下，打开 EXLX16.xlsx 文件，在 Sheet1 工作表中，计算各季度的绝对差值（利用绝对值函数 ABS），存入相应的单元格中，保存 EXLX16.xlsx 工作簿。

（17）在考生文件夹下，打开 EXLX17.xlsx 文件，在 Sheet1 工作表中，分别对各省市的收入计算其四舍五入值（利用 ROUND 函数）到整数位，存入相应的单元格中，保存 EXLX17.xlsx 工作簿。

以下选做。

（18）在考生文件夹下，打开 EXLX18.xlsx 文件，在 Sheet1 工作表中，如果数学、语文、英语的成绩至少有一门小于 60，就在"是否有补考科目"列给出信息"有"，否则为空格（利用 IF 函数），保存 EXLX18.xlsx 工作簿。

3.5 图表的创建与编辑

预备工作

将配套资源中第 3 章素材\3.4 文件夹复制到 F 盘中（如无 F 盘，则可选其他盘，如 E 盘），以下例题中所指考生文件夹即 F 盘（或 E 盘）中的 3.4 文件夹。

如果是在练习软件如"万维考试系统"中做练习题，就不需复制文件夹，只需注意所有操作一定要在当前试题文件夹（参见图 1-9（c））中完成。

3.5.1　创建图表

1．创建嵌入式图表

【例 3-29】　在考生文件夹下，打开工作簿文件 EX1.xlsx，选取"入境旅游"工作表中"省市"列（A1:A8）和"人数"列（C1:C8）数据区域的内容建立"三维簇状柱形图"，图表标题为"外国人入境旅游统计"，清除图例，在坐标轴下方设置分类（X）轴为"省市"，数值（Z）轴为"人数"（竖排），数据标志为显示值和系列名称；将图表插入表的 A10:E24 单元格区域，保存 EX1.xlsx 工作簿。

操作步骤

打开和保存工作簿的操作参见【例 3-3】，选中"入境旅游"工作表，创建嵌入式图表的操作如图 3-29 所示。

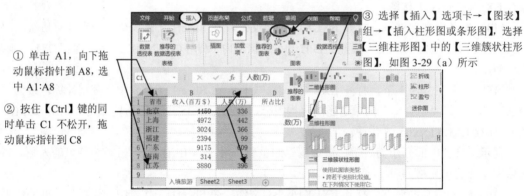

（a）选择数据区域和插入"三维簇状柱形图"

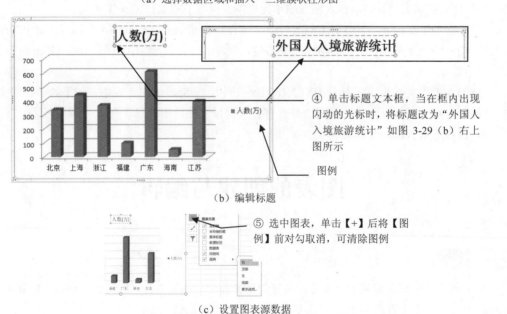

（b）编辑标题

（c）设置图表源数据

图 3-29　创建嵌入式图表 1

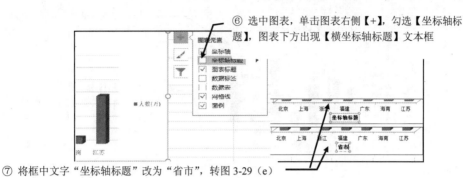

⑥ 选中图表，单击图表右侧【+】，勾选【坐标轴标题】，图表下方出现【横坐标轴标题】文本框

⑦ 将框中文字"坐标轴标题"改为"省市"，转图 3-29（e）

（d）设置分类（X）轴

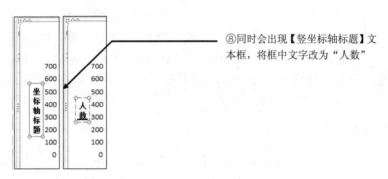

⑧同时会出现【竖坐标轴标题】文本框，将框中文字改为"人数"

（e）数值（Z）轴为"人数"（竖排）

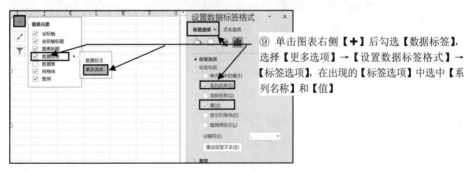

⑨ 单击图表右侧【+】后勾选【数据标签】，选择【更多选项】→【设置数据标签格式】→【标签选项】，在出现的【标签选项】中选中【系列名称】和【值】

（f）设置数据标签

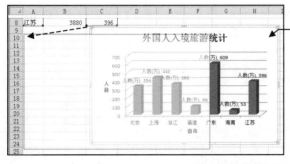

⑩ 选中图表（出现双线边框），将鼠标指针指向图表边缘空白处（不要有涉及相关图表设置的选项出现），按住鼠标左键，拖动图表（出现虚线框），使图表左上角与 A10 左上角对齐

（g）调整图表位置

图 3-29　创建嵌入式图表 1（续）

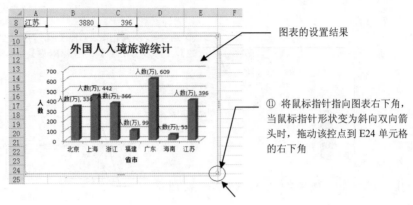

（h）调整图表大小

图 3-29　创建嵌入式图表 1（续）

【例 3-30】　在考生文件夹下，打开 EX2.xlsx 文件，选取 Sheet1 工作表的 A2:E5 单元格区域的内容，建立"带数据标记的折线图"，X 轴（下方）为季度名称，在图表上方插入图表标题为"销售情况图"，网格线为 X 轴和 Y 轴，显示主要网格线，在顶部位置显示图例；将图表插入表 A8:F25 单元格区域，保存 EX2.xlsx 文件。

操作步骤

打开和保存工作簿的操作参见【例 3-3】，选中 Sheet1 工作表，创建嵌入式图表的操作如图 3-30 所示。

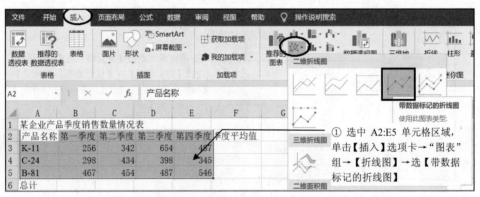

（a）选择数据区域和插入"带数据标记的折线图"

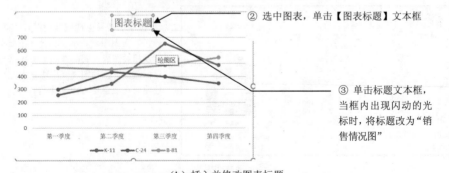

（b）插入并修改图表标题

图 3-30　创建嵌入式图表 2

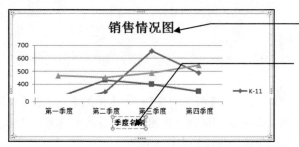

插入标题的结果

④ 选中图表后单击后侧出现的【＋】并勾选【坐标轴标题】，图表下方出现"坐标轴标题"文本框，将标题改为"季度名称"（参见图 3-29（d））

（c）插入并修改坐标轴标题

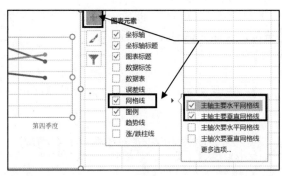

⑤ 选中图表，单击右侧出现的【＋】并勾选【网络线】，单击右侧三角形并勾选【主轴主要水平网格线】和【主轴主要垂直网格线】

（d）设置网格线

⑥ 选中图表，单击右侧的【＋】后再单击【图例】右侧的三角形，选择【顶部】

图表设置结果

⑦ 选中图表（出现双线边框），将鼠标指针指向图表边缘空白处（不要有涉及相关图表设置的选项出现），按住鼠标左键，拖动图表（出现虚线框），使图表左上角与 A8 左上角对齐，将鼠标指针指向图表右下角，当鼠标指针形状变为斜向双向箭头时，拖动该控点到 F25 单元格的右下角

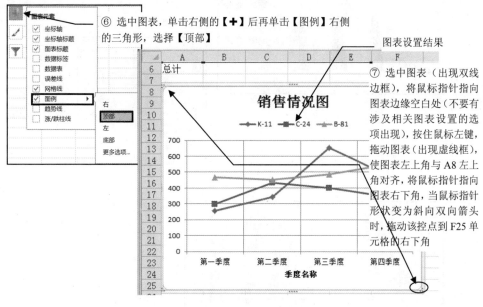

（e）修改图例位置，移动并调整图表大小

图 3-30　创建嵌入式图表 2（续）

2. 创建独立图表

创建独立图表与创建嵌入式图表的操作基本相同，主要区别是存放位置的不同。嵌入式图表是指图表作为一个对象与相关的工作表数据存放在同一工作表中；独立图表则以一个工作表的形式插在工作簿中，其创建方法是选定数据区域后，按【F11】键，然后依照建立嵌入式图表的方法操作。

3.5.2 设置图表格式

图表创建完成后，也可以对图表的"图表类型""图表源数据""图表选项""图表位置"等进行修改。

选中图表，具体修改方法一般有两种：其一是利用【图表工具】选项卡中的【设计】、【布局】、【格式】选项卡内的命令编辑和修改图表；其二是将鼠标指针指向图表中要修改的对象，当出现相应的提示框时右击，在出现的快捷菜单中选相应的命令编辑和修改图表。

1．更改图表的背景墙颜色

【例 3-31】　在考生文件夹下，打开工作簿文件 EX3.xlsx，将 Sheet1 工作表中的图表背景墙图案区域的颜色设置为纯色填充、标准色黄色，保存 EX3.xlsx 工作簿。

操作步骤

打开和保存工作簿的操作参见【例 3-3】，选中 Sheet1 工作表，修改背景墙颜色的操作如图 3-31 所示。

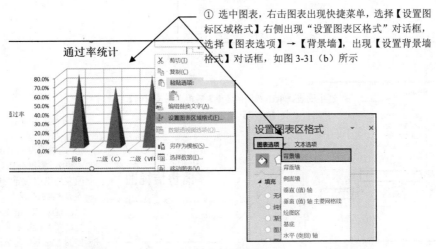

① 选中图表，右击图表出现快捷菜单，选择【设置图标区域格式】右侧出现"设置图表区格式"对话框，选择【图表选项】→【背景墙】，出现【设置背景墙格式】对话框，如图 3-31（b）所示

（a）选择【背景墙】

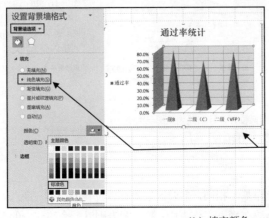

② 选择【纯色填充】，在【填充颜色】中选择"标准色""黄色"即可，设置结果在对话框右侧

（b）填充颜色

图 3-31　修改背景墙颜色

2．更改图表的刻度

【例 3-32】 在考生文件夹下，打开工作簿文件 EX4.xlsx，修改 Sheet1 工作表中图表的数值（Z）轴刻度为最小值 0.3，基底交叉点坐标轴值为 0.4，保存 EX4.xlsx 工作簿。

操作步骤

打开和保存工作簿的操作参见【例 3-3】，选中 Sheet1 工作表，设置坐标轴格式的操作如图 3-32 所示。

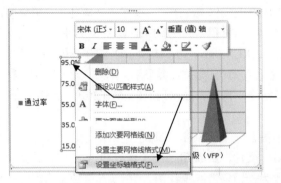

① 将鼠标指针指向图表的数值（Z）轴刻度，当出现【数值轴】提示框时，右击提示框后选择【设置坐标轴格式】，出现【设置坐标轴格式】对话框，如图 3-32（b）所示

（a）选"设置坐标轴格式"命令

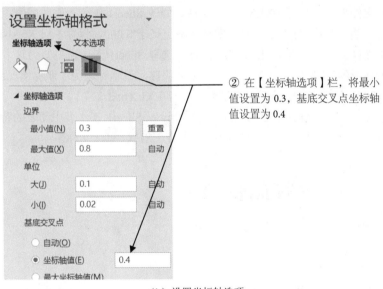

② 在【坐标轴选项】栏，将最小值设置为 0.3，基底交叉点坐标轴值设置为 0.4

（b）设置坐标轴选项

图 3-32 设置坐标轴格式

练习 3.5

预备工作

将配套资源中的\第 3 章素材\LX3.4 文件夹复制到 F 盘中（如无 F 盘，则可选其他盘，如 E 盘），以下练习中所指考生文件夹即 F 盘（或 E 盘）中的 LX3.4 文件夹。

如果是在练习软件如"万维考试系统"中做练习题，就不需复制文件夹，只需注意所有操作一定要在当前试题文件夹（参见图 1-9（c））中完成。

（1）在考生文件夹下，打开 EXLX1.xlsx 文件，选取"植树情况统计表"的"树种"列和"所占百分比"列的内容（不含合计行），建立"三维饼图"，标题为"植树情况统计图"，数据标志为显示百分比及类别名称，不显示图例；将图插入到表的 A8:F21 单元格区域内，保存 EXLX1.xlsx 文件。

　　提示：选中图表右侧出现【＋】→【数据标签】→【更多选项】。

（2）在考生文件夹下，打开 EXLX2.xlsx 文件，选取 Sheet1 工作表中"季度"行和"同比增长"行（不含"年最高值"列）数据区域的内容建立"折线图"，设置图表标题为"销售同比增长统计图"，清除图例；将图插入到表 A7:F17 单元格区域，保存 EXLX2.xlsx 文件。

（3）在考生文件夹下，打开工作簿文件 EXLX3.xlsx，选取 Sheet1 工作表中"考试类别"列和"通过率"列的单元格内容（不包括"总计"行），建立"堆积柱形图"，设置图表标题为"通过率统计"，图例靠左显示，Y 轴为次要网格线；将图表插入到表的 A7:F20 单元格区域内，保存 EXLX3.xlsx 工作簿。

　　提示：【插入】→【插入柱形图或条形图】→【堆积柱形图】。

（4）在考生文件夹下，打开 EXLX4.xlsx 文件，选取 Sheet1 工作表的 A2：B12 数据区域，建立"带数据标记的堆积折线图"，设置标题为"销售情况统计图"，在顶部位置显示图例，数据标志为显示值；将图插入到表 A15:G29 单元格区域内，保存 EXLX4.xlsx 文件。

（5）在考生文件夹下，打开 EXLX5.xlsx 文件，修改 Sheet1 工作表中的图表，设置 Y 轴刻度最小值为 3 000，主要刻度单位为 12 000，横坐标轴交叉于 8 000，保存 EXLX5.xlsx 文件。

（6）在考生文件夹下，打开 EXLX6.xlsx 文件，选取 Sheet1 工作表中 D4:D8 和 E4:E8 单元格数据建立"三维柱形图"，X 轴上（在下方）的项为职称，设置标题为"职称情况统计图"，图例靠左；将图插入到表的 D10:H22 单元格区域内，保存 EXLX6.xlsx 文件。

（7）在考生文件夹下，打开 EXLX7.xlsx 文件，设置 Sheet1 工作表中图表的背景墙图案区域颜色为纯色填充"紫色，个性色 4，淡色 40%"，保存 EXLX7.xlsx 文件。

3.6　数据操作

预备工作

将配套资源中第 3 章素材\3.5 文件夹复制到 F 盘中（如无 F 盘，则可选其他盘，如 E 盘），以下例题中所指考生文件夹即 F 盘（或 E 盘）中的 3.5 文件夹。

如果是在练习软件如"万维考试系统"中做练习题，就不需复制文件夹，只需注意所有操作一定要在当前试题文件夹（参见图 1-9（c））中完成。

3.6.1　排序

【例 3-33】　在考生文件夹下，打开工作簿文件 EX1.xlsx，对工作表 Sheet1 内数据清单的内容按主要关键字"班级"的升序次序和次要关键字"总分"的降序次序进行排序，保存 EX1.xlsx

工作簿。

操作步骤

打开和保存工作簿的操作参见【例3-3】，选中 Sheet1 工作表，排序操作如图 3-33 所示。

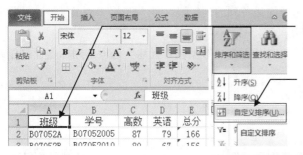

① 将光标定位在待排序的数据区中任意单元格（或选定排序单元格区域）

② 选择【开始】选项卡→"编辑"组→【排序和筛选】→【自定义排序】，出现【排序】对话框

（a）选择排序命令

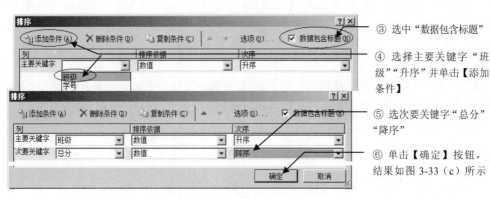

③ 选中"数据包含标题"

④ 选择主要关键字"班级""升序"并单击【添加条件】

⑤ 次要关键字"总分""降序"

⑥ 单击【确定】按钮，结果如图 3-33（c）所示

（b）排序对话框的设置

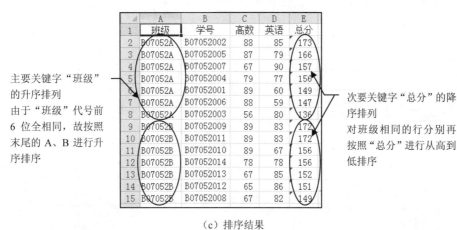

主要关键字"班级"的升序排列
由于"班级"代号前6 位全相同，故按照末尾的 A、B 进行升序排序

次要关键字"总分"的降序排列
对班级相同的行分别再按照"总分"进行从高到低排序

（c）排序结果

图 3-33　数据排序

说明

　　排序数据区的选定方法　通常只要将光标定位在待排序数据区中任意单元格即可，系统会自行识别排序区域，如果不是对数据区中所有数据进行排序，则可选中待排序的数据区域。

　　数据区标题行的选取　系统将会自动选中数据区的第一行作为标题（【排序】对话框中的选项【数据包含标题】有效），此时在【排序】对话框的关键字框中出现的是各列的标题，操作上更加直观。

　　如果只选数据区中的数据（区域 A2:E15）而不选标题行，则取消勾选【排序】对话框中的【数据包含标题】选项，此时在关键字框中出现的是各列的列标记，即"列 A""列 B"……只要正确选取排序的列标，得到的效果就是相同的。

　　如果选中标题行，又取消勾选"排序"对话框中"数据包含标题"选项，则标题行也作为数据参与排序，这不是我们希望看到的。

3.6.2　筛选

1．自动筛选

　　【例 3-34】　在考生文件夹下，打开工作簿文件 EX2.xlsx，对工作表 Sheet1 内数据清单的内容进行自动筛选，条件为"机电 B 班高数成绩大于等于 85 分且总分大于等于 250 分或小于 220 分"，保存 EX2.xlsx 工作簿。

分析

　　筛选条件为"机电 B 班高数成绩大于等于 85 分且总分大于等于 250 分或小于 220 分"，对工作表中各列数据进行分析，可将原条件分解为同时满足三个条件：（1）"班级=机电 B"；（2）"高数≥85"；（3）"总分≥250" 或"总分<220"。

操作步骤

　　打开和保存工作簿的操作参见【例 3-3】，选中 Sheet1 工作表，筛选操作如图 3-34 所示。

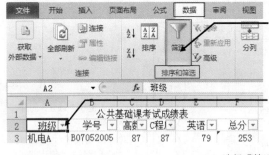

① 选择【数据】选项卡→【排序和筛选】组→【筛选】（用【开始】选项卡也可，如【例 3-33】图(a)所示），表中各列右侧出现下拉三角形，如图 3-34（b）所示

② 将光标定位在待筛选的数据区中任意单元格（或选定筛选单元格区域）

（a）选择【筛选】

③ 单击"班级"列右侧的下拉三角形后选中"机电 B"，单击【确定】按钮

筛选结果：蓝色行标表示满足条件的行，不满足条件的行隐藏但不删除

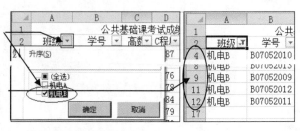

（b）设置"班级"的筛选条件

图 3-34　自动筛选

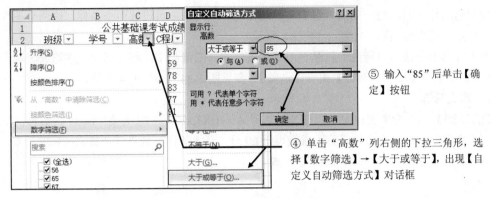

（c）设置"高数"的筛选条件

⑤ 输入"85"后单击【确定】按钮

④ 单击"高数"列右侧的下拉三角形，选择【数字筛选】→【大于或等于】，出现【自定义自动筛选方式】对话框

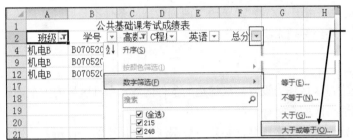

（d）设置"总分"的筛选条件

⑥ 单击"总分"列右侧的下拉三角形，选择【数字筛选】→【大于或等于】，出现【自定义自动筛选方式】对话框

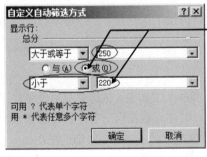

（e）设置筛选方式

⑦ 在"大于或等于"右侧输入"250"，选择"或"关系，在第二行选择"小于"，右侧输入"220"，单击【确定】按钮

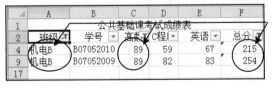

（f）筛选结果

班级="机电 B"、"高数≥85"、"总分≥250 或总分<220"的记录被筛选出来，其余行隐藏

图 3-34　自动筛选（续）

> **说明**

　　使用自动筛选时，各列之间的条件一定满足"与"（同时满足）的关系，如本例"班级=机电 B"的同时"高数≥85""总分序≥250 或总分<220"；如果要求各列之间的条件满足"或"的关系，如"班级=机电 B"或"高数≥85"，就要使用高级筛选了。

使用自动筛选时，每一列的"自定义自动筛选方式"最多可设置两个条件，这两个条件可以是"与"或"或"的关系，如图 3-34（e）所示。

取消筛选的方法　"筛选"只是将不满足条件的行隐藏起来。将光标定位在筛选区域，选择【数据】选项卡→【排序和筛选】组→【清除】（参见图 3-34（a））可取消筛选。

2．高级筛选

【例 3-35】　在考生文件夹下，打开工作簿文件 EX3.xlsx，对工作表 Sheet1 内数据清单的内容进行**高级筛选**，条件为高数或英语成绩小于 60 分，请将条件区域设置在数据区域的顶端，在原有区域显示筛选结果，保存 EX3.xlsx 工作簿。

分析

条件为"高数或英语成绩小于 60 分"，对工作表中各列数据进行分析，可将原条件分解为"高数<60"或"英语<60"两个条件，由于"高数""英语"两列数据的条件不是同时满足的关系，因此不能使用自动筛选而要使用高级筛选来实现本次筛选。

条件区域的设置规定

应选取数据区以外的一个空白区域作为设置高级筛选的条件区域，条件区域的大小则需依据筛选条而定，但最好要与数据清单区域有空行隔开。

条件区域的第一行是所有筛选条件的字段名，必须与数据清单区域中第一行相关的列名完全一致！从第二行开始输入相关的条件，"与"关系的条件必须在同一行内书写，"或"关系的条件必须在不同的行内书写。

本例有两个"或"条件，则要分别写在两行中，再加上筛选条件的字段名行，共需 3 行，如图 3-35（b）所示。

操作步骤

打开和保存工作簿的操作参见【例 3-3】，选中 Sheet1 工作表，依据题意以及条件区域设置的要求，本例的条件区域至少应有 3 行（本例取 4 行，以便与数据区分开，题目有要求时，按题目要求的行数设置），且按题意要将条件区域设置在数据清单的上方。高级筛选操作如图 3-35 所示。

① 选中 1 至 4 行，选择【开始】选项卡→【单元格】组→【插入】→【插入工作表行】，结果如图 3-35（a）右图所示

（a）插入空行

② 将条件中涉及的所有的列标题复制到同 1 行上

③在"高数"列的相应行于英文状态下输入"<60"
在"英语"列的相应行于英文状态下输入"<60"

（b）设置筛选条件

图 3-35　高级筛选

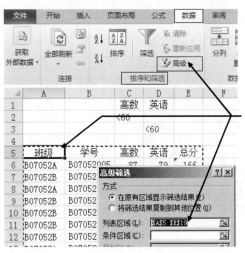

④ 将光标定位在数据清单区，选择【数据】选项卡→【排序和筛选】组→【高级】，出现【高级筛选】对话框，系统会自动选取列表区域（闪烁虚线框），如果不符合要求，用户可以自行用鼠标修改

（c）选择【高级筛选】

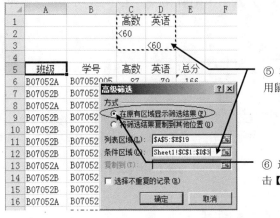

⑤ 将光标定位在"条件区域"框中，用鼠标选取（虚线框所示）条件区域

⑥ 选中【在原有区域显示筛选结果】后单击【确定】按钮，结果如图 3-35（e）所示

（d）设置条件区域

	A	B	C	D	E
5	班级	学号	高数	英语	总分
8	B07052A	B07052006	88	59	147
11	B07052B	B07052013	57	45	102
16	B07052A	B07052003	56	80	136
18	B07052A	B07052004	58	77	135
19	B07052A	B07052002	88	49	137

（e）高级筛选的结果

图 3-35　高级筛选（续）

说明

也可以将筛选的结果显示在其他区域，如 A22 开始的数据区，只要选中图 3-35（d）【高级筛

选】对话框中【将筛选结果复制到其他位置】选项，这时【复制到】文本框由灰色变为有效，再将光标定位在【复制到】文本框中，并单击 A22 单元格。

3.6.3　分类汇总

【例 3-36】　在考生文件夹下，打开工作簿文件 EX4.xlsx，根据"销售情况表"内数据清单的内容完成对各产品销售总计的分类汇总（提示：分类汇总前先将数据按"产品名称"升序排序），汇总结果显示在数据下方，保存 EX4.xlsx 工作簿。

注意

分类汇总操作要先分类（一般是按分类字段进行排序来实现）、后汇总，这样才能正确实现分类汇总的目的。分类汇总操作也相应地分为"分类"和"汇总"两个步骤，有时数据清单中分类字段已经按要求分好类（排序）了，则分类步骤可省略。

操作步骤

打开和保存工作簿的操作参见【例 3-3】，选中"销售情况表"工作表，分类汇总操作如图 3-36 所示。

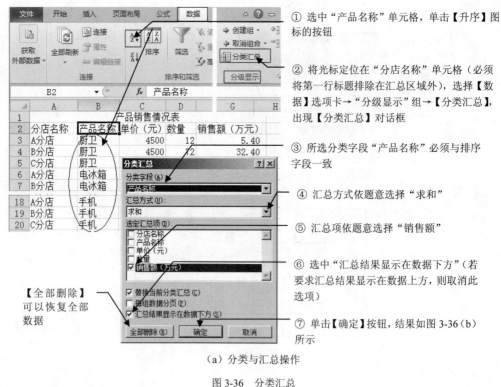

（a）分类与汇总操作

图 3-36　分类汇总

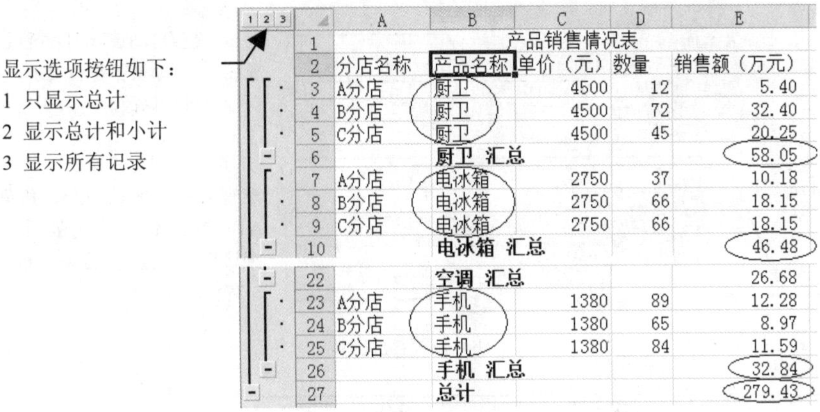

1 2 3		A	B	C	D	E
	1			产品销售情况表		
	2	分店名称	产品名称	单价（元）	数量	销售额（万元）
	3	A分店	厨卫	4500	12	5.40
	4	B分店	厨卫	4500	72	32.40
	5	C分店	厨卫	4500	45	20.25
	6		厨卫 汇总			58.05
	7	A分店	电冰箱	2750	37	10.18
	8	B分店	电冰箱	2750	66	18.15
	9	C分店	电冰箱	2750	66	18.15
	10		电冰箱 汇总			46.48
	22		空调 汇总			26.68
	23	A分店	手机	1380	89	12.28
	24	B分店	手机	1380	65	8.97
	25	C分店	手机	1380	84	11.59
	26		手机 汇总			32.84
	27		总计			279.43

显示选项按钮如下：
1 只显示总计
2 显示总计和小计
3 显示所有记录

（b）汇总结果

图 3-36　分类汇总（续）

说明

【分类汇总】对话框（参见图 3-36（a））中有关选项、按钮的作用如下。

【汇总结果显示在数据下方】选项　默认是选中状态，因此汇总的结果总会显示在数据下方，如果要将汇总结果显示在数据上方，只需取消该选项即可。

【全部删除】是指删除分类汇总的结果，恢复原数据。

3.6.4　数据透视表

【例 3-37】　在考生文件夹下，打开工作簿文件 EX5.xlsx，对工作表 Sheet1 内数据清单的内容建立数据透视表，按行为"班级"、列为"性别"、数据为"高数"求和布局，并置于现工作表的 A18:D22 单元格区域，保存 EX5.xlsx 工作簿。

操作步骤

打开和保存工作簿的操作参见【例 3-3】，创建数据透视表操作如图 3-37 所示。

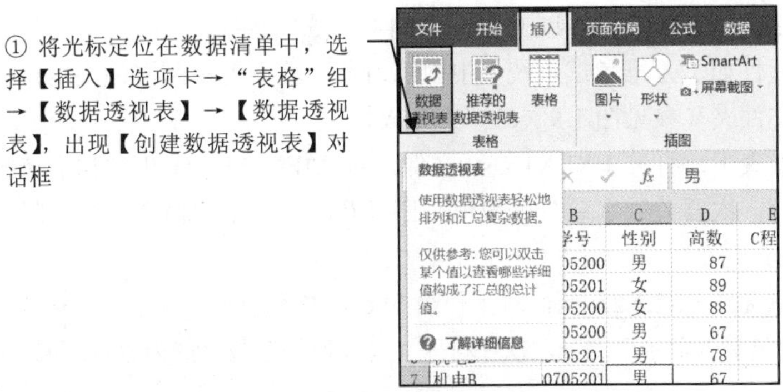

① 将光标定位在数据清单中，选择【插入】选项卡→"表格"组→【数据透视表】→【数据透视表】，出现【创建数据透视表】对话框

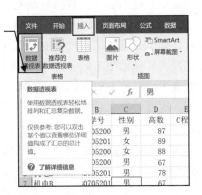

（a）选择【数据透视表】

图 3-37　创建数据透视表

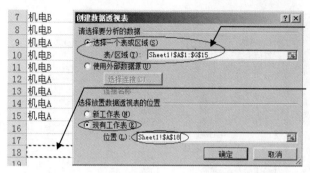

② 系统会自动选取列表区域（闪烁虚线框），如果不符合要求，用可以自行用鼠标修改

③ 选中"现有工作表"，单击数据透视表存放区域的左上角单元格 A18，单击【确定】按钮，出现【数据透视表字段列表】对话框，如图 3-37（c）所示

（b）设置存放区域

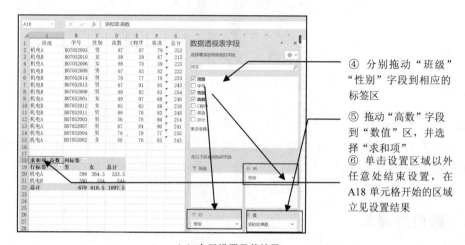

④ 分别拖动"班级""性别"字段到相应的标签区

⑤ 拖动"高数"字段到"数值"区，并选择"求和项"

⑥ 单击设置区域以外任意处结束设置，在 A18 单元格开始的区域立见设置结果

（c）布局设置及其结果

图 3-37　创建数据透视表（续）

练习 3.6

预备工作

将配套资源中第 3 章素材\LX3.5 文件夹复制到 F 盘中（如无 F 盘，则可选其他盘，如 E 盘），以下练习中所指考生文件夹即 F 盘（或 E 盘）中的 LX3.5 文件夹。

如果是在练习软件如"万维考试系统"中做练习题，就不需复制文件夹，只需注意所有操作一定要在当前试题文件夹（参见图 1-9（c））中完成。

（1）在考生文件夹下，打开 EXLX1.xlsx 文件，对工作表 Sheet1 内数据清单的内容按主要关键字班级、数值升序，次要关键字总分、数值降序以及次要关键字语文、数值降序的次序进行排序。保存 EXLX1.xlsx 文件。

（2）打开工作簿文件 EXLX2.xlsx，对工作表 Sheet1 内数据清单的内容按主要关键字"系别"的降序次序和次要关键字"学号"的升序次序排序（将任何类似数字的内容排序）。保存 EXLX2.xlsx 文件。

（3）在考生文件夹下，打开 EXLX3.xlsx 文件，在 Sheet1 工作表内，对 A5:D12 数据区域内的数据，按主要关键字各年销售量的升序进行排序。保存 EXLX3.xlsx 文件。

提示：由于所选数据区无标题行，因此要按"列"选取主要关键字。

（4）在考生文件夹下，打开 EXLX4.xlsx 文件，对工作表"选修成绩"内的数据清单的内容进行自动筛选（自定义），条件为"成绩大于或等于 60 分并且小于 80 分"。保存 EXLX4.xlsx 文件。

（5）在考生文件夹下，打开 EXLX5.xlsx 文件，对工作表"销售情况表"内数据清单的内容进行自动筛选，条件为第 1 季度、空调或电冰箱。保存 EXLX5.xlsx 文件。

（6）在考生文件夹下，打开 EXLX6.xlsx 文件，对工作表"成绩"内数据清单的内容进行自动筛选，条件是系别为"自动控制"并且"实验成绩大于等于 19 或小于 15"，保存 EXLX6.xlsx 文件。

（7）在考生文件夹下，打开 EXLX7.xlsx 文件，对工作表 Sheet1 内数据清单的内容进行高级筛选，条件为操作系统或网络成绩小于 60，条件区域设置在数据区域的顶端（注意：将筛选条件写入条件区域的对应列上），在原有区域显示筛选结果。保存 EXLX7.xlsx 文件。

（8）在考生文件夹下，打开 EXLX8.xlsx 文件，对工作表"销售情况"内数据清单的内容进行高级筛选（在数据清单前插入三行，条件区域设在 A1:H2 单元格区域，将筛选条件写入条件区域的对应列上），条件是产品名称为"空调"且数量小于 50，在原有区域显示筛选结果。保存 EXLX8.xlsx 文件。

提示：在条件区域"产品名称"（D1 单元格）列的下方单元格（D2 单元格）输入"空调"、在"数量"（F1 单元格）列的下方单元格（F2 单元格）输入英文状态下的"<50"。

（9）在考生文件夹下，打开 EXLX9.xlsx 文件，对工作表"物质"内数据清单的内容进行分类汇总（提示：分类汇总前先按类别升序排序），分类字段为类别，汇总方式为"平均值"，汇总项为数量，汇总结果显示在数据下方。保存 EXLX9.xlsx 文件。

（10）在考生文件夹下，打开 EXLX10.xlsx 文件，对工作表"销售情况"内数据清单的内容进行分类汇总（提示：分类汇总前先按"季度"升序排序），完成对各季度销售额总计的分类汇总，分类字段为"季度"，汇总方式为"求和"，选定汇总项为"销售额（元）"，汇总结果显示在数据上方。保存 EXLX10.xlsx 文件。

提示：要使"汇总结果显示在数据上方"，只要取消"分类汇总"对话框中"汇总结果显示在数据下方"选项中的"√"。

（11）在考生文件夹下，打开 EXLX11.xlsx 文件，对工作表"销售情况表"数据清单的内容建立数据透视表，按行为"地区"，列为"产品"，数据为"销售金额"求和布局，并置于现工作表的 A16:E22 单元格区域。保存 EXLX11.xlsx 文件。

第4章　PowerPoint 2016 的功能与使用

4.1　启动、运行和使用 PowerPoint

1. 启动与关闭 PowerPoint

【例 4-1】　PowerPoint 的启动与关闭（退出）。

操作步骤

启动 PowerPoint：在 Windows 桌面，选择【开始】→【PowerPoint】，出现 PowerPoint 的窗口，如图 4-1 所示。

关闭 PowerPoint：在 PowerPoint 的窗口中，选择【文件】→【退出】，按屏幕提示操作。

说明

（1）启动 PowerPoint 的方法如下。

选择【开始】→【PowerPoint】（参见【例 4-1】）。

如果 Windows 桌面上有 PowerPoint 的快捷方式图标，就双击 PowerPoint 的快捷方式图标。

通过 Windows 的【此电脑】找到要打开的 PowerPoint 文件，双击该文件图标，这时与文件关联的 PowerPoint 被打开，同时打开了该 PowerPoint 文件。这种方式也是打开已有 PowerPoint 文件的常见方法。

图 4-1　PowerPoint 窗口

（2）退出 PowerPoint 的方法如下。

在 PowerPoint 窗口中，选择【文件】→【退出】。

单击 PowerPoint 窗口右上方的【×】按钮，这是最常用的方法。

2. PowerPoint 窗口介绍

如图 4-1 所示，PowerPoint 窗口主要由标题栏、快速访问工具栏、文件选项卡、功能区、幻灯片/大纲浏览窗格、幻灯片窗格、备注窗格、状态栏、视图切换按钮、缩放级别按钮等组成。

标题栏　显示正在编辑的文档的文件名以及所使用的软件名。如演示文稿 1- PowerPoint，文档默认的扩展名为.pptx。

快速访问工具栏　常用命令位于此处，例如【保存】和【撤销】。用户可以在此处添加个人常用命令。

文件选项卡　包含的基本命令有【新建】、【打开】、【关闭】、【另存为】以及【打印】等。

功能区　工作时需要用到的命令位于此处。

PowerPoint 2016 与以前的 PowerPoint 版本有较大的变化：处于功能区第一行位置类似"菜单"的是"选项卡"，单击每个"选项卡"，将会出现相应的命令按钮，并按照按钮的功能分成若干组，各组以竖线分割，组的名称则显示在栏目的下方。

如图 4-1 所示，【开始】选项卡下有【剪贴板】、【幻灯片】、【字体】、【段落】、【绘图】、【编辑】等分组，而在每个分组再列出各组的操作命令，有的组如【字体】组右侧有个形如【↘】的按钮，单击此按钮将会出现【字体】对话框，提供给用户进行更精细的设置。

演示文稿编辑区　是用户进行文档输入、编辑、修改等的工作区域。由三个部分组成：幻灯片窗格、备注窗格和幻灯片浏览窗格，分别介绍如下。

（1）幻灯片窗格。

位于窗口右侧，用于显示幻灯片内容。内容包括文本、图片、表格等各种对象。用户可以直接在窗格中输入和编辑幻灯片内容。

（2）备注窗格。

位于窗口下侧，用于输入和编辑对幻灯片的解释、说明等备注信息。备注窗格在放映时不显示，仅供演讲者参考。

（3）幻灯片浏览窗格。

位于窗口左侧，可以方便用户快速地选中、移动、复制和删除幻灯片等操作。

如单击幻灯片的选项，可以显示各幻灯片的缩略图，如图 4-1 所示。单击其中任意一张缩略图，在右侧幻灯片窗格立即显示该幻灯片。用户还可以轻松地在幻灯片的选项处实现幻灯片的移动（重新排列）、添加或删除操作。

在"普通"视图（默认状态）下，这三个窗格同时显示在演示文稿编辑区，用户可以看到三个窗格的内容，便于从不同的角度和需求编排演示文稿。

视图切换按钮　视图是演示文稿的不同显示方式，单击某个视图按钮就可以方便地切换到相应的视图。常见的视图介绍如下。

（1）普通视图。分为幻灯片/浏览窗格、幻灯片窗格和备注窗格（参见图 4-1），是系统默认的视图形式。

（2）幻灯片浏览视图。可以在屏幕范围内排列所有的幻灯片，适合整体观看演示文稿和安排幻灯片的演示顺序。

（3）阅读视图。单击【阅读视图】按钮即可进入幻灯片阅读视图，用户可以在当前计算机上以窗口方式查看演示文稿放映效果。

（4）幻灯片放映视图。用于预览演示文稿的设计效果。

缩放级别　可用于更改正在编辑的幻灯片的显示比例，用于修改缩放比例。

状态栏　显示正在编辑的文档的相关信息。

4.2　PowerPoint 的基本操作

预备工作

将配套资源中第 4 章素材\4.1 文件夹复制到 F 盘中（如无 F 盘，则可选其他盘，如 E 盘），以下例题中所指考生文件夹即 F 盘（或 E 盘）中的 4.1 文件夹。

如果是在练习软件如"万维考试系统"中做练习题，就不需复制文件夹，只需注意所有操作一定要在当前试题文件夹（参见图 1-9（c））中完成。

4.2.1　创建、保存和打开演示文稿

1. 创建和保存演示文稿

【例 4-2】　在考生文件夹下，创建一个空白演示文稿，并以文件名 PP2.pptx 保存。

操作步骤

启动 PowerPoint 后，其便会自动创建一个名为演示文稿 1 的新演示文稿（参见【例 4-1】），除此之外，用户还可以使用命令新建演示文稿。创建与保存演示文稿的操作如图 4-2 所示。

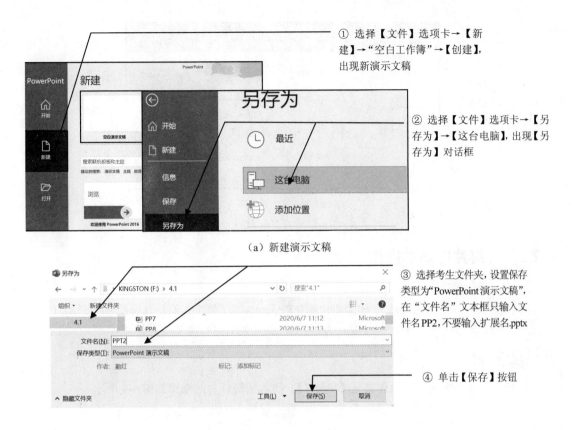

① 选择【文件】选项卡→【新建】→"空白工作簿"→【创建】，出现新演示文稿

② 选择【文件】选项卡→【另存为】→【这台电脑】，出现【另存为】对话框

（a）新建演示文稿

③ 选择考生文件夹，设置保存类型为"PowerPoint演示文稿"，在"文件名"文本框只输入文件名PP2，不要输入扩展名.pptx

④ 单击【保存】按钮

（b）"另存为"对话框操作

图 4-2　创建与保存演示文稿

> **注意**

完成保存操作后，演示文稿窗口标题栏中的文件名变为 PP2，表明目前正在编辑的演示文稿已变为 PP2.pptx，若再进行编辑操作，则是针对 PP2 演示文稿了。

2．打开和保存演示文稿

【例 4-3】　打开考生文件夹下的演示文稿 PP3.pptx，输入标题文字"演示文稿"，并保存演示文稿。

> **操作步骤**

打开演示文稿，输入标题文字并保存演示文稿的操作如图 4-3 所示。

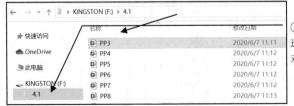

① 在文件资源管理器左侧窗口选择"考生文件夹"，在右侧窗口双击 PP3.pptx

（a）打开演示文稿

图 4-3　保存文件

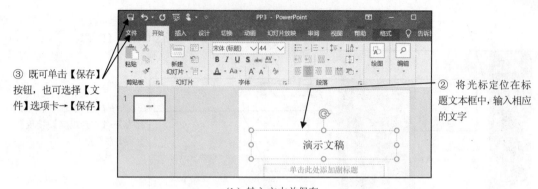

③ 既可单击【保存】
按钮，也可选择【文
件】选项卡→【保存】

② 将光标定位在标
题文本框中，输入相应
的文字

（b）输入文本并保存

图 4-3　保存文件（续）

4.2.2　幻灯片的基本操作

1．插入新幻灯片

【例 4-4】　打开考生文件夹下的演示文稿 PP4.pptx，在第 1 张幻灯片前插入一张幻灯片，设其版式为"标题幻灯片"；插入一张版式为"空白"的新幻灯片作为第 3 张幻灯片，保存演示文稿。

操作步骤

打开和保存演示文稿的操作参见【例 4-3】，插入新幻灯片的操作如图 4-4 所示。

① 将光标定位在第 1 张幻灯
片上方，出现的闪烁的横线即
插入位置

② 选择【开始】选项卡→【幻
灯片】组→【新建幻灯片】→【标
题幻灯片】，出现新幻灯片，如
图 4-4（b）所示

（a）在第 1 张幻灯片前插入幻灯片

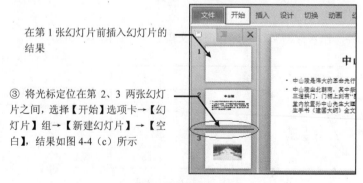

在第 1 张幻灯片前插入幻灯片的
结果

③ 将光标定位在第 2、3 两张幻灯
片之间，选择【开始】选项卡→【幻
灯片】组→【新建幻灯片】→【空
白】，结果如图 4-4（c）所示

（b）在其他位置插入幻灯片

图 4-4　在不同位置插入新幻灯片

（c）插入幻灯片结果

图 4-4 在不同位置插入新幻灯片（续）

2．移动、复制幻灯片

【例 4-5】 打开考生文件夹下的演示文稿 PP5.pptx。（1）将第 2 张幻灯片移到第 1 张幻灯片之前，使之成为第 1 张幻灯片；（2）将第 3 张幻灯片移动到所有幻灯片的最后，使之成为最后一张幻灯片，保存演示文稿。

操作步骤

打开和保存演示文稿的操作参见【例 4-3】，移动幻灯片的操作如图 4-5 所示。

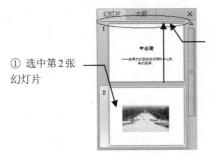

① 选中第 2 张幻灯片

② 按住鼠标左键不放，拖动鼠标将横线移到到第 1 张幻灯片上面的位置松开，完成幻灯片的移动，结果如图 4-5（b）所示

（a）鼠标拖动移动幻灯片

第 2 张幻灯片移到第 1 张幻灯片前的结果

③ 选中第 3 张幻灯片，右击幻灯片后选择【剪切】（或按组合键【Ctrl+X】）

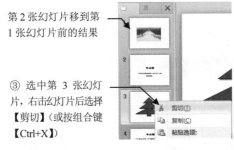

④ 单击最后 1 张幻灯片之后位置，出现横线时按组合键【Ctrl+V】（也可右击幻灯片后选择【粘贴】再选择【使用目标主题】），结果如图 4-5（c）所示

（b）剪切、粘贴移动幻灯片

（c）移动幻灯片的结果

图 4-5 移动幻灯片

说明

移动幻灯片的方法通常有两种,【例 4-3】题目（1）介绍了拖动鼠标的方法,而题目（2）介绍了使用剪切、粘贴的方法。

若将图 4-5（b）中第③步的【剪切】改为【复制】(【Ctrl+C】),即复制幻灯片。

3．删除幻灯片

【例 4-6】　打开考生文件夹下的演示文稿 PP6.pptx,删除第 3 张幻灯片,保存演示文稿。

操作步骤

打开和保存演示文稿的操作参见【例 4-3】,删除幻灯片的操作如图 4-6 所示。

选中第 3 张幻灯片,直接按
【Delete】键或者右击幻灯片后
选择【删除幻灯片】

图 4-6　删除幻灯片

4．更换幻灯片版式

【例 4-7】　打开考生文件夹下的演示文稿 PP7.pptx,将第 2 张幻灯片的版式更换为"标题和内容",保存演示文稿。

操作步骤

打开和保存演示文稿的操作参见【例 4-3】,修改幻灯片版式的操作如图 4-7 所示。

（a）修改幻灯片版式

图 4-7　修改幻灯片版式

（b）版式修改结果

图 4-7　修改幻灯片版式（续）

4.2.3　文本操作

【例 4-8】　打开考生文件夹下的演示文稿 PP8.pptx，对第 1 张幻灯片，在主标题输入"中山陵"，副标题输入"——是伟大的革命先行者孙中山先生的陵墓"；将第 3 张幻灯片下方的文本移动到第 2 张幻灯片左侧的文本区域，保存演示文稿。

操作步骤

PowerPoint 模板中的标题或文本区都可用直接添加或采用复制、粘贴的方法添加文本。打开和保存演示文稿的操作参见【例 4-3】，添加和移动文本的操作如图 4-8 所示。

在中文输入状态下，按组合键【Shift+-】输入破折号

① 选中第 1 张幻灯片，将光标分别定位在添加"标题"和"副标题"的文本区中，输入相应的文字

（a）分别输入标题和副标题

② 选中第 3 张幻灯片下方的文本，按组合键【Ctrl+X】

③ 将光标定位在第 2 张幻灯片左侧文本区中，按组合键【Ctrl+V】，结果如图 4-8（b）第三张图所示

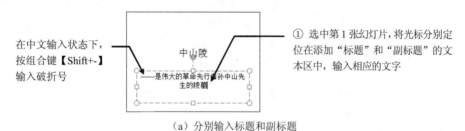
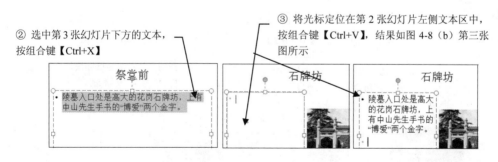

（b）复制文本

图 4-8　插入和复制文本

4.2.4　插入或移动对象

1．插入图片

【例 4-9】　打开考生文件夹下的演示文稿 PP9.pptx，在第 1 张幻灯片下方区域插入图片

ppt9.jpg，保存演示文稿。

操作步骤

打开和保存演示文稿的操作参见【例 4-3】，插入图片的操作如图 4-9 所示。

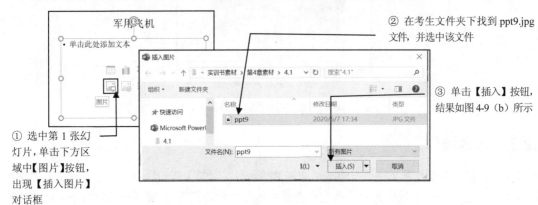

① 选中第 1 张幻灯片，单击下方区域中【图片】按钮，出现【插入图片】对话框

② 在考生文件夹下找到 ppt9.jpg 文件，并选中该文件

③ 单击【插入】按钮，结果如图 4-9（b）所示

（a）插入图片

军用飞机

（b）插入图片的结果

图 4-9　插入剪贴画

【例 4-10】　打开考生文件夹下的演示文稿 PP10.pptx，将第 3 张幻灯片中的图片复制到第 1 张幻灯片的图片区域，保存演示文稿。

操作步骤

打开和保存演示文稿的操作参见【例 4-3】，复制图片的操作如图 4-10 所示。

① 选中第 3 张幻灯片中的图片并按组合键【Ctrl+C】

② 选中第 1 张幻灯片右侧区域并按组合键【Ctrl+V】，结果如图 4-10 第三张图所示

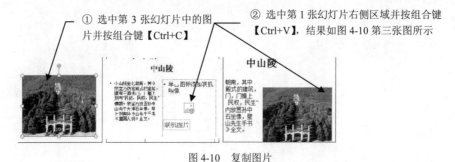

图 4-10　复制图片

说明

若是移动图片，只需将图 4-10 中第①步的【Ctrl+C】改为【Ctrl+X】。

2. 插入艺术字

【例 4-11】 打开考生文件夹下的演示文稿 PP11.pptx，在第 2 张幻灯片中插入样式为"填充：蓝色，主题色 2；边框：蓝色，主题色 2"的艺术字"中山陵全景"，【文本效果】选择【转换】、"跟随路径"选择"拱形"，保存演示文稿。

操作步骤

打开和保存演示文稿的操作参见【例 4-3】，插入艺术字的操作如图 4-11 所示。

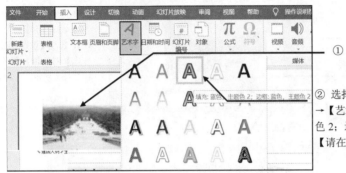

① 选中第 2 张幻灯片

② 选择【插入】选项卡→"文本"组→【艺术字】→"填充：蓝色，主题色 2；边框：蓝色，主题色 2"，出现【请在此处放置您的文字】对话框

（a）选择【艺术字】

③ 单击文本框内任意处，输入艺术字内容"中山陵全景"，选中艺术字

（b）输入艺术字内容

④ 选择【格式】选项卡→"艺术字样式"组→【文字效果】→【转换】→"拱形"

（c）设置艺术字样式

图 4-11 插入艺术字

4.2.5 放映幻灯片

【例 4-12】 打开考生文件夹下的演示文稿 PP12.pptx。（1）直接观看幻灯片；（2）设置放映方式为"观众自行浏览（窗口）"，保存演示文稿。

操作步骤

打开和保存演示文稿的操作参见【例 4-3】，放映幻灯片的操作如图 4-12 所示。

① 直接观看方法 1：
选择【幻灯片放映】选
项卡→"开始放映幻灯
片"组→【从头开始】

② 直接观看方法 2：
选择【视图切换】按钮
中的【幻灯片放映视
图】，演示文稿将从当
前幻灯片开始放映

③ 设置放映方式：
选择【幻灯片放映】
选项卡→"设置"组
→【设置幻灯片放
映】，出现【设置放映
方式】对话框，如图
4-12（b）所示

（a）直接观看幻灯片

④ 选中"观众自行
浏览（窗口）"→
【确定】

（b）设置"观众自行浏览（窗口）"

图 4-12　幻灯片放映方式

说明

单击鼠标左键换片，即放映下一张幻灯片；如果幻灯片中设置了动画效果，单击鼠标左键则播放下一个动画而不是换片，一直到本幻灯片动画内容全部播放完才换片；单击鼠标左键直至出现黑屏，并显示文字"放映结束，单击鼠标退出"，再次单击鼠标左键就退出放映。

放映过程中随时可以结束放映，操作方法是：右击幻灯片后选择【结束放映】，其他命令的功能几乎是一目了然的，读者可以逐一尝试。

练习 4.2

预备工作

将配套资源中第 4 章素材\LX4.1 文件夹复制到 F 盘中（如无 F 盘，则可选其他盘，如 E盘），以下例题中所指考生文件夹即 F 盘（或 E 盘）中的 LX4.1 文件夹。

如果是在练习软件如"万维考试系统"中做练习题，就不需复制文件夹，只需注意所有操作一定要在当前试题文件夹（参见图 1-9（c））中完成。

（1）打开考生文件夹下的演示文稿 PPLX1.pptx，在第 1 张幻灯片前插入 1 张新幻灯片，设置幻灯片版式为"标题和内容"，保存演示文稿。

（2）打开考生文件夹下的演示文稿 PPLX2.pptx，在第 2 张幻灯片后插入 1 张新幻灯片，设置幻灯片版式为"内容与标题"，保存演示文稿。

（3）打开考生文件夹下的演示文稿 PPLX3.pptx，将第 3 张幻灯片移到第 1 张幻灯片前，使之成为第 1 张幻灯片，保存演示文稿。

（4）打开考生文件夹下的演示文稿 PPLX4.pptx，将第 2 张幻灯片移到第 3 张幻灯片之后，使之成为最后 1 张幻灯片，保存演示文稿。

（5）打开考生文件夹下的演示文稿 PPLX5.pptx，删除第 2 张幻灯片，保存演示文稿。

（6）打开考生文件夹下的演示文稿 PPLX6.pptx，将第 1 张幻灯片的版式改为"垂直排列标题与文本"，保存演示文稿。

（7）打开考生文件夹下的演示文稿 PPLX7.pptx，对第 1 张幻灯片，在主标题输入"南京夫子庙"，副标题输入"——是中国四大文庙之一"，保存演示文稿。

（8）打开考生文件夹下的演示文稿 PPLX8.pptx，在第 2 张幻灯片的右栏区域插入图片"树"，保存演示文稿。

（9）打开考生文件夹下的演示文稿 PPLX9.pptx，将第 3 张幻灯片中的图片移到第 2 张幻灯片的右栏区域内，保存演示文稿。

（10）打开考生文件夹下的演示文稿 PPLX10.pptx，将第 1 张幻灯片中的图片复制到第 3 张幻灯片下方区域内，保存演示文稿。

（11）打开考生文件夹下的演示文稿 PPLX11.pptx，在第 3 张幻灯片中插入样式为"渐变填充—绿色，强调文字颜色 1"的艺术字"南京夫子庙"，【文字效果】选择【转换】、"弯曲"中选择"停止"，保存演示文稿。

（12）打开考生文件夹下的演示文稿 PPLX12.pptx，在第 3 张幻灯片的内容区插入 7 行 2 列的表格，设置第 1 行的第 1、2 列内容分别为"建议"和"百分比"。

提示如图 4-13 所示。

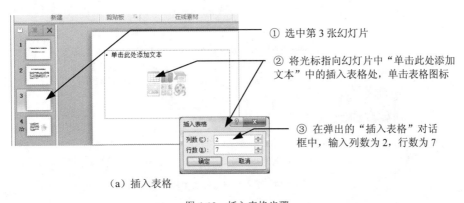

（a）插入表格

图 4-13　插入表格步骤

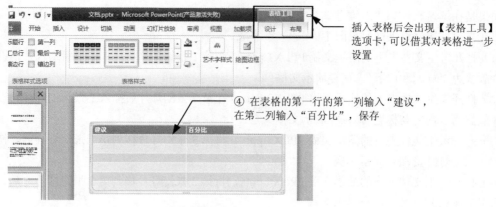

（b）表格中输入文本

图 4-13　插入表格步骤（续）

（13）打开考生文件夹下的演示文稿 PP13.pptx，插入一张新的幻灯片，将版式改为"两栏内容"，将考生文件夹下的图片文件 ppt1.jpeg 插入新幻灯片左侧的内容区。

提示如图 4-14 所示。

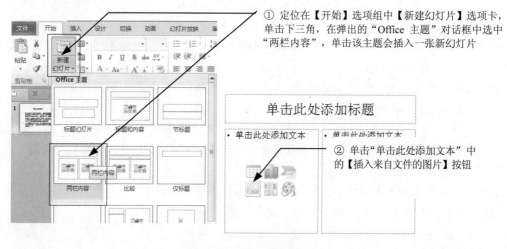

（a）插入新幻灯片，准备插入图片

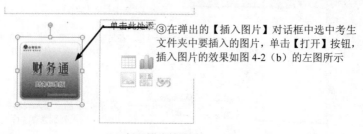

（b）插入图片的效果

图 4-14　插入来自文件的图片

（14）打开考生文件夹下的演示文稿 PP14.pptx，给第 1 张幻灯片添加备注，备注内容为"软件的使用目前非常广泛"。

提示如图 4-15 所示。

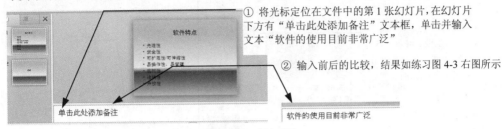

① 将光标定位在文件中的第 1 张幻灯片，在幻灯片下方有"单击此处添加备注"文本框，单击并输入文本"软件的使用目前非常广泛"

② 输入前后的比较，结果如练习图 4-3 右图所示

图 4-15 插入备注

（15）打开考生文件夹下的演示文稿 PPLX12.pptx，设置幻灯片放映方式为"观众自行浏览（窗口）"，保存演示文稿。

（16）打开考生文件夹下的演示文稿 PPLX13.pptx，设置幻灯片放映方式为"在展台浏览（全屏幕）"，保存演示文稿。

4.3 演示文稿的格式设置

预备工作

将配套资源第 4 章素材\4.2 文件夹复制到 F 盘中（如无 F 盘，则可选其他盘，如 E 盘），以下例题中所指考生文件夹即 F 盘（或 E 盘）中的 4.2 文件夹。

如果是在练习软件如"万维考试系统"中做练习题，就不需复制文件夹，只需注意所有操作一定要在当前试题文件夹（参见图 1-9（c））中完成。

4.3.1 文本及对象的格式设置

1．文本格式

【例 4-13】 打开考生文件夹下的演示文稿 PP1.pptx，设置第 1 张幻灯片主标题的文字为楷体，字号为 63 磅、加粗、红色（请用自定义标签的红色 255、绿色 0、蓝色 0），保存演示文稿。

操作步骤

打开和保存演示文稿的操作参见【例 4-3】，设置文本格式的操作如图 4-16 所示。

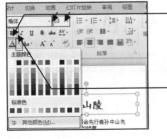

① 选中第 1 张幻灯片，单击主标题出现 8 个控点，在【开始】选项卡中选择"字体"组直接设置：楷体、粗体、字号输入 63（也可单击【字体】组右侧【↘】按钮，在出现的【字体】对话框中设

② 单击【字体颜色】→【其他颜色】，出现【颜色】对话框，如图 4-16（b）所示

（a）设置字体格式

图 4-16 设置文本格式

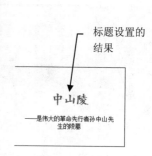

③ 在"自定义"选项卡中，设置红色 255、绿色 0、蓝色 0，单击【确定】按钮

标题设置的结果

（b）设置自定义颜色

图 4-16　设置文本格式（续）

2．艺术字位置设置

【例 4-14】　打开考生文件夹下的演示文稿 PP2.pptx，设置第 2 张幻灯片中艺术字的位置为水平 7.5 厘米，度量依据左上角，垂直 4.5 厘米，度量依据左上角，保存演示文稿。

操作步骤

打开和保存演示文稿的操作参见【例 4-3】，设置艺术字位置的操作如图 4-17 所示。

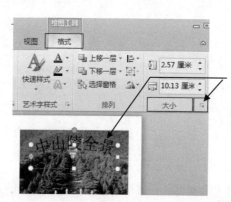

① 选中第 2 张幻灯片中的艺术字，选择【绘图工具】→【格式】选项卡→"大小"组→【↘】，在艺术字右侧出现【设置形状格式】对话框，如图 4-17（b）所示

（a）选择"设置形状格式"

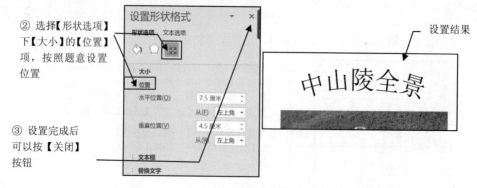

② 选择【形状选项】下【大小】的【位置】项，按照题意设置位置

③ 设置完成后可以按【关闭】按钮

设置结果

（b）设置艺术字位置

图 4-17　设置艺术字位置

4.3.2 幻灯片格式的设置

1. 应用设计模板

【例 4-15】 打开考生文件夹下的演示文稿 PP3.pptx，使用"丝状"主题模板修饰全文，保存演示文稿。

操作步骤

打开和保存演示文稿的操作参见【例 4-3】，将光标定位在任意一张幻灯片中，设置幻灯片主题模板的操作如图 4-18 所示。

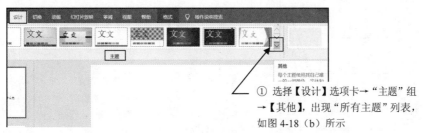

① 选择【设计】选项卡→"主题"组
→【其他】，出现"所有主题"列表，
如图 4-18（b）所示

（a）选择"所有主题"

② 选择"Office"中的
"丝状"，结果如图 4-18
（c）所示

（b）选择"波形"主题模板

（c）选择波形主题模板结果

图 4-18 设置幻灯片主题模板

2. 幻灯片背景

【例 4-16】 打开考生文件夹下的演示文稿 PP4.pptx，设置第 2 张幻灯片的背景渐变填充为"碧海青天"，类型为"标题的阴影"，保存演示文稿。

操作步骤

打开和保存演示文稿的操作参见【例 4-3】，设置背景的操作如图 4-19 所示。

① 选中第 2 张幻灯片，选择【设计】选项卡后单击【设置背景格式】组按钮，在幻灯片右侧出现【设置背景格式】对话框如图 4-19（b）所示

（a）选择【设置背景格式】

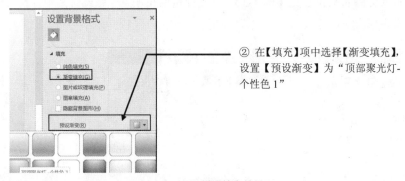

② 在【填充】项中选择【渐变填充】，设置【预设渐变】为"顶部聚光灯-个性色 1"

（b）设置填充效果 1

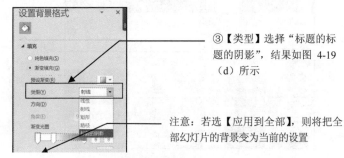

③【类型】选择"标题的标题的阴影"，结果如图 4-19（d）所示

注意：若选【应用到全部】，则将把全部幻灯片的背景变为当前的设置

（c）设置填充效果 2

（d）设置背景结果

图 4-19　设置幻灯片背景

练习 4.3

预备工作

　　将配套资源中的\第 4 章素材\LX4.2 文件夹复制到 F 盘中（如无 F 盘，则可选其他盘，如 E 盘），以下例题中所指考生文件夹即 F 盘（或 E 盘）中的 LX4.2 文件夹。

　　如果是在练习软件如"万维考试系统"中做练习题，就不需复制文件夹，只需注意所有操作一定要在当前试题文件夹（参见图 1-9（c））中完成。

　　（1）打开考生文件夹下的演示文稿 PPLX1.pptx，设置第 1 张幻灯片中标题文字的字体为"黑体"，字号为 57 磅，加粗，颜色为红色（请用自定义标签的红色 245，绿色 0，蓝色 0）；文本字体为楷体、35 磅、倾斜，保存演示文稿。

　　（2）打开考生文件夹下的演示文稿 PPLX2.pptx，设置第 1 张幻灯片中主标题文字的字体为"隶书"，字号为 65 磅，加下划线，颜色为蓝色（请用自定义标签的红色 0，绿色 0，蓝色 245）；副标题字体为仿宋，加粗，40 磅，保存演示文稿。

　　（3）打开考生文件夹下的演示文稿 PPLX3.pptx，设置第 1 张幻灯片中艺术字的位置为水平 5 厘米，度量依据左上角，垂直 4 厘米，度量依据左上角，保存演示文稿。

　　（4）打开考生文件夹下的演示文稿 PPLX4.pptx，使用"平面"主题模板修饰全文，保存演示文稿。

　　（5）打开考生文件夹下的演示文稿 PPLX5.pptx，使用"切片"主题模板修饰全文，保存演示文稿。

　　（6）打开考生文件夹下的演示文稿 PPLX6.pptx，设置第 2 张幻灯片的背景填充设置为"50%"图案，保存演示文稿。

　　提示：在"设置背景格式"对话框中选择"填充"项的"图案填充"内的"50%"。

　　（7）打开考生文件夹下的演示文稿 PPLX7.pptx，设置全部幻灯片的背景为渐变填充，预设"中等渐变-个性色 3""矩形"，保存演示文稿。

演示文稿的控制

预备工作

　　将配套资源中第 4 章素材\4.3 文件夹复制到 F 盘中（如无 F 盘，则可选其他盘，如 E 盘），以下例题中所指考生文件夹即 F 盘（或 E 盘）中的 4.3 文件夹。

　　如果是在练习软件如"万维考试系统"中做练习题，就不需复制文件夹，只需注意所有操作一定要在当前试题文件夹（参见图 1-9（c））中完成。

4.4.1　自定义动画

　　【例 4-17】　打开考生文件夹下的演示文稿 PP1.pptx，在第 2 张幻灯片中，设置标题动画效果为"进入""飞入"，方向为"自左侧"，动画文本为"按字母"，保存演示文稿。

操作步骤

　　打开和保存演示文稿的操作参见【例 4-3】，设置文本动画效果的操作如图 4-20 所示。

　　【例 4-18】　打开考生文件夹下的演示文稿 PP2.pptx，在第 2 张幻灯片中，设置图片动画效果为【进入】中的【浮入】、方向为【下浮】，保存演示文稿。

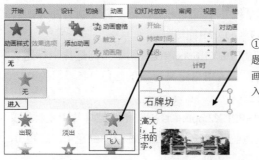

① 选中第 2 张幻灯片中的标题，选择【动画】选项卡→"动画"组→【动画样式】，选择【进入】中的【飞入】

（a）选择动画样式

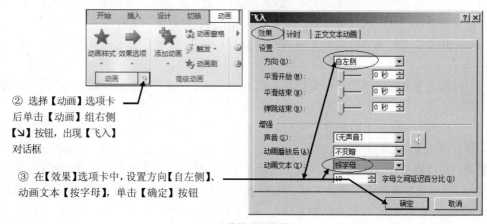

② 选择【动画】选项卡后单击【动画】组右侧【↘】按钮，出现【飞入】对话框

③ 在【效果】选项卡中，设置方向【自左侧】、动画文本【按字母】，单击【确定】按钮

（b）设置动画效果

图 4-20　设置文本动画

操作步骤

打开和保存演示文稿的操作参见【例 4-3】，设置图片动画效果的操作如图 4-21 所示。

① 选中第 2 张幻灯片中的图片，选择【动画】选项卡→"动画"组→【动画样式】，选择【进入】中的【浮入】（参见图 4-20（a）中步骤①）

（a）选择动画样式

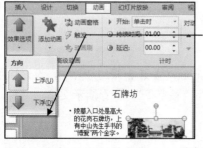

② 选择【动画】选项卡→"动画"组→【效果选项】→【下浮】
说明：选择【效果选项】中可设置简单的效果，如选【动画】组右侧【↘】按钮，则可设置精细的效果，如图 4-20（b）所示

（b）设置简单的效果

图 4-21　设置图片动画

【例 4-19】　打开考生文件夹下的演示文稿 PP3.pptx，在第 2 张幻灯片中，设置动画顺序为

先标题、后文本、最后图片，保存演示文稿。

操作步骤

打开和保存演示文稿的操作参见【例4-3】，设置动画顺序的操作如图4-22所示。

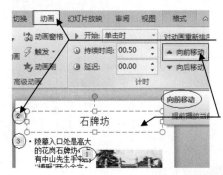

① 选中第2张幻灯片，选择【动画】选项卡，出现幻灯片中各对象的动画顺序，如"标题"的顺序为2

② 依题意，"标题"的动画顺序为1，所以选中"标题"，单击一次【向前移动】按钮，动画顺序变为如图4-22（b）所示

（a）修改标题的动画顺序

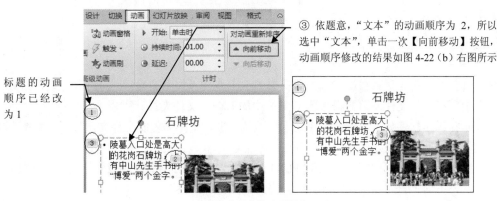

标题的动画顺序已经改为1

③ 依题意，"文本"的动画顺序为2，所以选中"文本"，单击一次【向前移动】按钮，动画顺序修改的结果如图4-22（b）右图所示

（b）修改文本的动画顺序

图4-22 设置动画顺序

4.4.2 幻灯片切换

【例4-20】 打开考生文件夹下的演示文稿PP4.pptx，设置全部幻灯片的切换效果为"推入""自左侧"，保存演示文稿。

操作步骤

打开和保存演示文稿的操作参见【例4-3】，设置幻灯片切换效果的操作如图4-23所示。

① 选定任意一张幻灯片（如果仅对某张幻灯片设置切换效果，则必须选定该幻灯片）
选择【切换】选项卡→【切换到此幻灯片】组→【切换效果】，在出现的列表中选择【推入】

（a）选幻灯片切换方案

图4-23 设置幻灯片切换效果

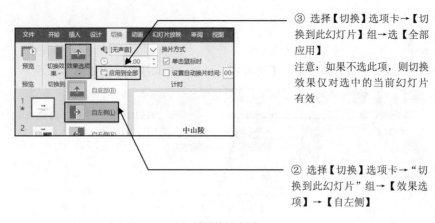

③ 选择【切换】选项卡→【切换到此幻灯片】组→选【全部应用】

注意：如果不选此项，则切换效果仅对选中的当前幻灯片有效

② 选择【切换】选项卡→"切换到此幻灯片"组→【效果选项】→【自左侧】

（b）设置效果选项

图 4-23　设置幻灯片切换效果（续）

练习 4.4

预备工作

　　将配套资源中第 4 章素材\LX4.3 文件夹复制到 F 盘中（如无 F 盘，则可选其他盘，如 E 盘），以下例题中所指考生文件夹即 F 盘（或 E 盘）中的 LX4.3 文件夹。

　　如果是在练习软件如"万维考试系统"中做练习题，就不需复制文件夹，只需注意所有操作一定要在当前试题文件夹（参见图 1-9（c））中完成。

　　（1）打开考生文件夹下的演示文稿 PPLX1.pptx，在第 1 张幻灯片中，设置标题动画效果为"进入""擦除"，方向"自左侧"，持续时间为 1 秒，保存演示文稿。

　　提示："持续时间"可在【格式】选项卡的"时间"组中直接设置。

　　（2）打开考生文件夹下的演示文稿 PPLX2.pptx，在第 2 张幻灯片中，设置图片的动画效果为"进入""形状"，方向为"缩小"，形状为"菱形"，保存演示文稿。

　　（3）打开考生文件夹下的演示文稿 PPLX3.pptx，在第 2 张幻灯片中，设置动画顺序为先标题、后文本、再图片，保存演示文稿。

　　（4）打开考生文件夹下的演示文稿 PPLX4.pptx，设置全部幻灯片的切换效果为"随机线条""水平"，保存演示文稿。

　　（5）打开考生文件夹下的演示文稿 PPLX5.pptx，设置全部幻灯片的切换效果为"揭开""自右上部"，保存演示文稿。

理论知识篇

计算机基础知识

大纲要求

1. 掌握计算机的基本概念：（1）计算机的概念；（2）计算机类型；（3）计算机应用领域；（4）计算机系统的配置；（5）主要技术指标。

2. 熟练掌握以下几种数据的表示方法：（1）计算机中数据的表示；（2）二进制的概念；（3）数据的存储单位（位、字节、字）；（4）整数的二进制表示；（5）西文字符与 ASCII；（6）汉字及其编码（国标码）的基本概念。

在一级 MS Office 考试中，本章的考点均以选择题出现。

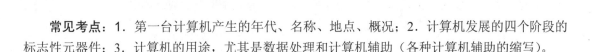

5.1　计算机概述

常见考点：1．第一台计算机产生的年代、名称、地点、概况；2．计算机发展的四个阶段的标志性元器件；3．计算机的用途，尤其是数据处理和计算机辅助（各种计算机辅助的缩写）。

5.1.1　计算机的发展历史

1．第一台电子计算机

1946 年 2 月 15 日，第一台电子计算机 ENIAC（Electronic Numerical Integrator And Calculator，电子数字积分计算机）在美国宾夕法尼亚大学诞生，使用的元器件是电子管。

美籍匈牙利数学家冯·诺依曼（Von Neumann）在研制电子计算机中总结并归纳了以下三点内容。

（1）计算机内部直接采用二进制数进行运算。在计算机内部，程序和数据采用二进制数表示。

（2）存储程序控制。程序和数据存放在存储器中，即程序存储的概念。计算机执行程序时，无须人工干预，能自动、连续地执行程序，并得到预期的结果。

（3）计算机由五个基本部件组成。计算机应具有运算器、控制器、存储器、输入设备和输出设备五个基本部件。

2．计算机发展阶段

从第一台电子计算机诞生到现在短短的 70 多年中，计算机技术的发展迅猛。依据计算机所采用的元器件类型，计算机的发展经历被划分为电子管、晶体管、中小规模集成电路、大规模和超大规模集成电路四个阶段，如表 5-1 所示。

表 5-1   计算机发展阶段的划分及其使用的典型元器件

元器件	阶段			
	第一阶段 （1946～1958 年）	第二阶段 （1959～1964 年）	第三阶段 （1965～1970 年）	第四阶段 （1971 年至今）
主机电子器件	电子管	晶体管	SSI、MSI	LSI、VLSI
内存	汞延迟线	磁芯存储器	半导体存储器	半导体存储器
外存储器	穿孔卡片、纸带	磁带	磁带、磁盘	磁盘、磁带、资源等大容量存储器
处理速度（每秒指令数）	几千条	几万～几十万条	几十万～几百万条	上千万～万亿条

当前计算机使用的元器件主要是大规模和超大规模集成电路。集成电路缩写对应的含义如下。

SSI：Small-Scale Integration，小规模集成电路。

MSI：Medium-Scale Integration，中规模集成电路。

LSI：Large-Scale Integration，大规模集成电路。

VLSI：Very Large-Scale Integration，超大规模集成电路。

3．我国计算机技术的发展概况

超级计算机是一个国家综合实力的体现，在国家经济建设、国防建设和科学研究中发挥着巨大作用。由于超级计算机的计算速度极快，因此它可以应用于各种尖端技术行业，例如天气预报、弹道计算、人工智能演绎、天体物理学计算等方面，这是各个国家的战略项目。

1958 年第一台电子计算机研制成功。

1983 年第一台亿次巨型银河计算机诞生。

1993 年第一台 10 亿次巨型银河计算机 II 型通过鉴定。

1995 年曙光 1000 研制成功，其峰值运算速度可达每秒 25 亿次。

1999 年曙光 2000-II 超级服务器诞生，其峰值运算速度可达到每秒 1 117 亿次。

2008 年 6 月 25 日，中国曙光信息产业股份有限公司发布自主研发的超级计算机曙光 5000 A，按照国际通行的计算机运行速度测试标准，它的运算速度超过每秒 160 万亿次。

2009 年 10 月 29 日，国防科技大学研制的峰值运算速度为每秒 1 206 万亿次的"天河一号"超级计算机在长沙亮相。

2014 年 11 月，国防科技大学研制出"天河二号"超级计算机，具有峰值运算速度每秒 5.49 京（1 京为 1 亿亿）次、持续运算速度每秒 3.39 京次双精度浮点运算的优异性能。

2016 年 6 月，中国研发出了世界上最快的超级计算机"神威·太湖之光"，目前"落户"在无锡的中国国家超级计算机中心。

2019 年，在最新公布的全球超级计算机 TOP500 榜单中，"神威·太湖之光"超级计算机名列榜单的第三位，"天河二号"超级计算机排名第四位。

【真题解析】

（1）计算机从诞生到发展至今已经历了四个阶段，而对这种计算机发展阶段划分的依据是（   ）。

  （A）计算机所采用的元器件   （B）计算机的体积

  （C）计算机的运算速度   （D）计算机的存储量

  解析：计算机发展阶段的划分方法有很多种，按照计算机使用元器件的不同可以划分为四个阶段，依次使用电子管、晶体管、中小规模集成电路、大规模和超大规模集成电路。当代计算机广泛使用的元器件是大规模和超大规模集成电路。

  答案：A

  （2）冯·诺依曼在他的 ENIAC 计算机方案中，提出了两个重要的概念，它们是（ ）。

  （A）采用二进制和存储程序控制的概念   （B）引入 CPU 和内存储器的概念

  （C）机器语言和十六进制   （D）ASCII 编码和指令系统

  解析：世界上第一台电子计算机的名称是 ENIAC，诞生的时间是 1946 年，地点是宾夕法尼亚大学。ENIAC 的主要元器件是电子管。冯·诺依曼提出了两个重要概念：采用二进制表示、存储程序控制的概念。

  答案：A

  （3）世界上第一台电子计算机 ENIAC 是在美国研制成功的，其诞生的年份是（ ）。

  （A）1943 年   （B）1946 年   （C）1949 年   （D）1950 年

  解析：ENIAC 在美国宾夕法尼亚大学诞生，是世界上第一台电子计算机，它于 1946 年诞生。

  答案：B

  （4）采用晶体管作为元器件的计算机是（ ）。

  （A）第一代   （B）第二代   （C）第三代   （D）第四代

  解析：计算机通常根据所采用的电子元器件不同而划分为电子管、晶体管、中小规模集成电路、大规模和超大规模集成电路四代。因此，将晶体管作为元器件的计算机发展阶段是第二代。现代计算机采用大规模和超大规模集成电路。

  答案：B

  （5）计算机是为了满足（ ）的需要而发明的。

  （A）人工智能   （B）科学计算   （C）过程控制   （D）信息处理

  解析：计算机是为了满足科学计算的需要而发明的，科学计算所解决的大都是从科学研究和工程技术中提出的一些复杂的数学问题，其计算量大且精度要求高，只有运算速度快和存储量大的计算机才能完成。

  答案：B

5.1.2 计算机的特点、用途和分类

1．计算机的特点

计算机作为人类智慧的延伸，具有以下特点。

（1）高速、精确的运算能力。

（2）不仅能进行数学、逻辑运算，而且能进行文字、声音、图形图像和视频等多种信息的处理。

（3）存储容量大，存取速度高。计算机具有许多存储记忆载体，可以将数据、程序及结果存储起来，还可以输出为文字、图像、声音等各种信息。

（4）具有网络与通信功能。通过计算机网络技术，可以实现不同地理位置的计算机连在一起

形成网络，共享资源和信息传输。

（5）自动化程度高。计算机可以按照编写的程序实现工作的自动化，不需要人工的干预，还可以反复执行。

2．计算机的用途

（1）科学计算：科学计算是研制计算机的最初目的。今天计算机的计算能力得到快速增强，推进了许多科学研究的进展，意义重大。如著名的人类基因序列分析计划、人造卫星的轨道预测等。国家气象中心使用计算机不但能够快速、及时地对气象卫星云图数据进行处理，还可以根据大量历史气象数据的计算结果进行天气预报。

（2）数据处理：即信息处理，对各种数据形式如数值、文字、声音、图像、视频等进行获取、分类、存储等处理。数据处理是目前计算机应用最多的一个领域，如 OA（办公自动化）系统的使用。

（3）实时控制：能够及时地收集、检测数据，进行快速处理并自动控制被处理的对象。

（4）计算机辅助：计算机辅助是计算机应用的一个非常广泛的领域。主要有以下几个方面。

计算机辅助设计（Computer Aided Design，CAD）；

计算机辅助制造（Computer Aided Manufacturing，CAM）；

计算机辅助教育（Computer Aided Instruction，CAI）；

计算机辅助技术（Computer Aided Technology，CAT）；

计算机仿真模拟（Simulation）等。

（5）网络与通信。

将地理位置不同的计算机互连起来，以实现资源共享和信息传递。计算机网络的应用所涉及的主要技术有网络互连技术、路由技术、数据通信技术，以及信息浏览技术和网络安全技术等。

3．计算机的分类

计算机的分类方法有很多，主要有以下几种。

（1）按处理数据的形态分类。

可分为数字计算机、模拟计算机和混合计算机。

（2）按使用的范围分类。

可分为通用计算机和专用计算机。

（3）按其性能分类。

可分为巨型机（也叫超级计算机）、大型机、小型机、微型机（简称微机，也称个人计算机）、工作站和服务器。微型机可再细分为台式机和便携式笔记本。

微型机根据是否由最终用户使用，又可分为独立式微机和嵌入式微机。嵌入式微机一般使用单片机或单片板，例如包含有微机的医疗设备及电冰箱、洗衣机、微波炉等家用电器。

【真题解析】

（1）CAM 表示（　　）。

　　（A）计算机辅助检测　　　　　　　　　　（B）计算机辅助教育

　　（C）计算机辅助制造　　　　　　　　　　（D）计算机辅助设计

解析：CAM 表示计算机辅助制造，CAD 表示计算机辅助设计，CAI 表示计算机辅助教育，

CAT 表示计算机辅助技术。

答案：C

（2）在计算机应用领域中，将计算机应用于办公自动化属于（　　）领域。

　　（A）科学计算　　　（B）信息处理　　　　（C）过程控制　　　（D）人工智能

解析：计算机应用领域主要包括科学计算、数据处理（也称信息处理）、实时控制、计算机辅助、网络与通信等。计算机的文字处理和数据存储等属于数据处理。数据处理是目前计算机应用最多的一个领域。

答案：B

（3）计算机按照处理数据的形态可以分为（　　）。

　　（A）巨型机、大型机、小型机、微型机和工作站

　　（B）286 机、386 机、486 机、Pentium 机

　　（C）专用计算机、通用计算机

　　（D）数字计算机、模拟计算机、混合计算机

解析：计算机按照综合性能可以分为巨型机、大型机、小型机、微型机和工作站，按照使用范围可以分为通用计算机和专用计算机，按照处理数据的形态可以分为数字计算机、模拟计算机、混合计算机。

答案：D

（4）专门为某种用途而设计的计算机，称为（　　）计算机。

　　（A）专用　　　（B）通用　　　（C）普通　　　（D）模拟

解析：计算机按使用范围分类可分为通用计算机和专用计算机，专用计算机是为适应某种特殊应用而设计的计算机。

答案：A

（5）下列选项中，（　　）不是计算机的特点。

　　（A）高速、精确的运算能力　　　　　（B）科学计算

　　（C）准确的逻辑判断　　　　　　　　（D）自动能力

解析：本题考查计算机的特点，而选项 B 科学计算是计算机的应用领域，所以选 B。

答案：B

（6）下列不属于计算机特点的是（　　）。

　　（A）存储程序控制，工作自动化　　　（B）具有逻辑推理和判断能力

　　（C）处理速度快、存储量大　　　　　（D）不可靠、故障率高

解析：计算机处理数据的可靠性高，不容易出错。

答案：D

5.1.3　未来计算机的发展趋势

1. 计算机的发展趋势

（1）巨型化。

巨型化是指计算速度更快、存储容量更大、功能更强、可靠性更高的计算机。

（2）微型化。

微型化是指发展体积更小、功能更强、可靠性更高、携带更方便、价格更便宜、适用范围更

广的计算机系统。

（3）网络化。

网络化是指利用通信技术，把分布在不同地点的计算机互连起来，按照网络协议相互通信，以达到共享软件、硬件和数据资源的目的。

（4）智能化。

智能化是指让计算机具有模拟人的感觉和思维过程的能力。智能计算机具有解决问题和逻辑推理以及知识处理和知识库管理等功能。

2．未来新一代计算机

随着新技术的发展，产生了使用不同器材生产制造的计算机。常见的有如下类型。

（1）模糊计算机。

（2）生物计算机。

（3）光子计算机。

（4）超导计算机。

（5）量子计算机。

5.1.4　计算机新的应用领域

1．移动互联网

移动互联网是一种基于智能移动终端，采用移动无线通信方式获取业务和服务的新兴领域，具有便携性、即时性、感触性和隐私性等特点。

2．云计算

云计算技术是硬件技术和网络技术发展到一定阶段而出现的新技术，是对实现云计算模式所需要的所有技术的总称。分布式计算技术、虚拟化技术、网络技术、服务器技术、数据中心技术、云计算平台技术、分布式存储技术等都属于云计算技术的范畴，同时也包括新出现的 Hadoop、HPCC、Storm、Spark 等技术。

云计算技术主要包括 3 种角色，分别为资源的整合运营者、资源的使用者和终端用户。资源的整合运营者负责资源的整合输出，资源的使用者负责将资源转变为满足用户需求的应用，而终端用户则是资源的最终消费者。

云计算具有高可扩展性、按需服务、虚拟化、高可靠性、通用性等特点。

3．大数据

大数据是指无法在一定时间范围内用常规软件工具进行捕捉、管理、处理的数据。大数据技术是指为了传送、存储、分析和应用大数据而采用的软件和硬件技术，也可将其看作面向数据的高性能计算系统。

大数据包括结构化、半结构化和非结构化数据 3 种类型，其中非结构化数据逐渐成为大数据的主要部分。

4．人工智能

人工智能是计算机科学的一个分支，它试图了解智能的实质，并生产一种新的能以与人类智慧相似的方式做出反应的智能机器。人工智能研究的领域比较广泛，包括机器人、语言识别、图像识别以及自然语言处理等。

人工智能的主要目标在于研究用机器来模仿和执行人脑的某些智力功能，探究相关理论、研发相应技术，如判断、推理、识别、感知、理解、思考、规划和学习等思维活动。

5．物联网

物联网（Internet of Things，IoT）是指通过各种信息传感器、射频识别技术、全球定位系统、红外感应器、激光扫描器等装置与技术，实时采集任何需要监控、连接、互动的物体或过程，采集其声、光、热、电、力、化学、生物、位置等各种需要的信息，通过各类可能的网络接入，实现物与物、物与人的泛在网络连接，实现对物品和过程的智能化感知、识别和管理。物联网是一个基于互联网、传统电信网等技术的信息承载体，它让所有能够被独立寻址的普通物理对象形成互联互通的网络。

物联网的关键技术有射频识别技术、传感器技术、云计算技术、无线网络技术和人工智能技术等。

【真题解析】

（1）下列对计算机发展趋势的描述中，不正确的一项是（   ）。

（A）网络化　　　　（B）巨型化　　　　（C）智能化　　　　　　（D）高度集成化

解析：未来计算机的发展趋势是巨型化、微型化、智能化，网络化，所以选择 D。

答案：D

（2）下列不属于云计算特点的是（   ）。

（A）高可扩展性　　（B）按需服务　　　（C）高可靠性　　　　　　（D）非网络化

解析：云计算主要具有高可扩展性、按需服务、虚拟化、高可靠性、通用性等特点。

答案：D

5.2 数据在计算机中的表示

常见考点：1. 常见的二、八、十及十六进制的概念和表示；2. 不同进制之间的转换规则；3. 逻辑运算和算术运算；4. b、B、KB、MB、GB 等存储单位的概念及相互关系；5. N 位二进制无符号整数表示的数的范围。

5.2.1　数制的概念

数制也叫进位计数制，是用一组固定的字符和一套统一的规则表示数值的方法。

用 R 个基本符号表示数值的数制，称为 R 进制，R 为该数制的"基数"，即每个数位上能使用的数码个数。数制中 R 个固定的基本符号称为"数码"。处于不同位置的数码代表的值不同，与其所在位置的"权"值有关。权也叫"位权"，指的是某个固定位置上的计数单位。

1．常用的进制

常用的进制有二进制、八进制、十进制、十二进制、十六进制、六十进制。

在计算机中常用的进制如表 5-2 所示。

表 5-2　　　　　　　　　　　　　　计算机中常用的几种进制的表示

进制	二 进 制	八 进 制	十 进 制	十 六 进 制
规则	逢 2 进一	逢 8 进一	逢 10 进一	逢 16 进一
基数 R	2	8	10	16
数符	0, 1	0~7	0~9	0~9, A~F
符号表示	B	O (Q)	D	H
示例	101.011B $(101.011)_2$	56.71Q $(56.71)_8$	542.12D $(542.12)_{10}$	FE.C2H $(FE.C2)_{16}$

常用进制的对应关系如表 5-3 所示。

表 5-3　　　　　　　　　　　　　　3 种常用进制对应关系表

十 进 制	二 进 制	八 进 制	十 六 进 制	十 进 制	二 进 制	八 进 制	十 六 进 制
0	0000	0	0	8	1000	10	8
1	0001	1	1	9	1001	11	9
2	0010	2	2	10	1010	12	A
3	0011	3	3	11	1011	13	B
4	0100	4	4	12	1100	14	C
5	0101	5	5	13	1101	15	D
6	0110	6	6	14	1110	16	E
7	0111	7	7	15	1111	17	F

2. 数值的按权展开

任何一个 R 进制的数都是用一串数码表示的，其中每一位数码所表示的实际值大小与其所处的位置有关，由位置决定的值就称为位权，也称为"位值"，位权用基数 R 的 i 次幂表示。例如十进制数"1234"中的数码"3"表示的实际值是 30。

任一 R 进制的数值都可以表示为各位数码本身的值与其权的乘积之和。举例如下。

$$819.18 = 8 \times 10^2 + 1 \times 10^1 + 9 \times 10^0 + 1 \times 10^{-1} + 8 \times 10^{-2}$$

$$(101.101)_2 = 1 \times 2^2 + 0 \times 2^1 + 1 \times 2^0 + 1 \times 2^{-1} + 0 \times 2^{-2} + 1 \times 2^{-3} = 4 + 1 + 0.5 + 0.125 = 5.625$$

3. 计算机中的数据

计算机采用二进制表示和存储数据。二进制只有"0"和"1"两个数码。相对十进制而言，二进制表示不但运算简单、易于物理实现、通用性强，而更重要的优点是所占用的空间小得多，机器可靠性更高。

【真题解析】

（1）按照数的进制概念，下列各个数中正确的八进制数是（　　　）。

　　（A）1101　　　（B）7081　　　　　　（C）1109　　　　　（D）B03A

解析：不同进制数包含的数码是不同的。二进制包含 0、1 两个数码，八进制包含 0~7 八个数码，十进制包含 0~9 十个数码，十六进制包含 0~9、A~F 共十六个数码。八进制数，只能出现 0~7 之间的数码。选项 B 出现了非法数码"8"，选项 C 出现了非法数码"9"，选项 D 出现了非法数码"B"和"A"。

答案：A

（2）在计算机中采用二进制，是因为（　　）。

　　（A）可降低硬件成本　　　　　　　　（B）两个状态的系统具有稳定性

　　（C）二进制的运算法则简单　　　　　　（D）上述三个原因

解析：二进制是计算机中采用的数制，这是因为二进制有如下特点：简单可行，容易实现；运算规则简单；适合逻辑运算。技术上容易实现，硬件成本不高，选项A正确。二进制中只使用0和1两个数字，传输和处理时不容易出错，所以稳定性高，选项B正确。因为只有0和1，运算比十进制简单多了，选项C正确。综上，选项D正确。

答案：D

（3）为了避免混淆，十六进制数在书写时常在后面加字母（　　）。

　　（A）H　　　　　（B）O　　　　　（C）D　　　　　（D）B

解析：为了避免混淆，常需要在数字的后面加入一个字母来表示不同的进制，B 代表二进制，O 表示八进制，D 表示十进制，H 表示十六进制。

答案：A

5.2.2　各数制间的相互转换

1．非十进制数转换成十进制数

任意一个具有 $n+1$ 位整数和 m 位小数的 R 进制数 N 可按权展开，转换成十进制数。

$$(K_n K_{n-1}\cdots K_1 K_0 . \ K_{-1} K_{-2}\cdots K_{-m})_R$$

$$=K_n\times R^n+K_{n-1}\times R^{n-1}+\cdots+K_1\times R^1+K_0\times R^0+K_{-1}\times R^{-1}+K_{-2}\times R^{-2}+\cdots+K_{-m}\times R^{-m}=(N)_{10}$$

例如：$12.3H=1\times 16^1+2\times 16^0+3\times 16^{-1}=18.1875D$。

2．十进制数转换成二进制数

将一个十进制数转换为二进制数，可将此十进制数分为整数和小数两部分分别转换。

（1）将十进制整数转换为二进制整数，采取"除 2 取余"法，即将十进制整数连续地除以 2 取余数，直到商为零，余数依取得的顺序自右至左排列。

（2）小数部分转换的方法采用"乘 2 取整"法，即将十进制数的小数部分不断乘以 2 取其结果的整数部分，直至小数部分为 0 或达到要求的精度，所取得的整数从小数点自左至右排列。

例如：求十进制数 57.875 对应的二进制数。

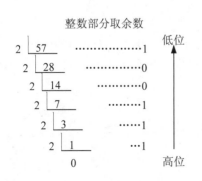

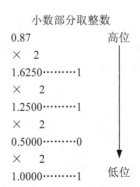

所以 57.875D=111001.1101B。十进制数转换为其他不同进制的数采取的方法是一样的，只需把"2"换成相应的进制数 R。

3．二进制数转换成十六（八）进制数

（1）二进制数转换成十六进制数：以小数点为中心，分别向左、向右分组，每 4 位划分成一组，整数高位不足 4 位时高位补 0，小数低位不足 4 位时低位补 0，每组分别转化为对应的一位十六进制数（参照表 5-3），最后将这些数字从左到右排列。

（2）将二进制整数转换成八进制数的方法同上，只需把每 4 位为一组改为每 3 位一组。

例如：将 1101011.110101B 转换为十六进制数和八进制数。

$$1101011.110101B=\underline{0110}\ \underline{1011}.\underline{1101}\ \underline{0100}B=6B.D4H$$
$$6\quad\ \ B\ \cdot\ D\quad 4$$

$$1101011.110101B=\underline{001}\ \underline{101}\ \underline{011}\ .\underline{110}\ \underline{101}B=153.65Q$$
$$1\quad 5\quad 3\ \cdot\ 6\quad 5$$

4．十六（八）进制数转换成二进制数

（1）十六进制数转换成二进制数：将每一位十六进制数转换成对应的 4 位二进制数（参照表 5-3），将这些二进制数从左到右排列即可。

（2）八进制数转换为二进制数：将每一位八进制数转换成对应的 3 位二进制数，将这些二进制数从左到右排列即可。

【真题解析】

（1）无符号二进制整数 1000110 转换成十进制数是（　　　）。

（A）68　　　　　（B）70　　　　　（C）72　　　　　（D）74

解析：二进制数转换成十进制数的方法是按权展开。如 $1000110B=2^6+2^2+2^1=70D$。

答案：B

（2）十进制数 100 转换成二进制数是（　　　）。

（A）01100100　　　（B）01100101　　　（C）01100110　　　（D）01101000

解析：十进制数 100 转换成二进制数是 01100100。本题 4 个选项中的二进制数转换为十进制后的值分别是 100、101、102、104。

答案：A

（3）与十六进制数 BC 等值的二进制数是（　　　）。

（A）10111011　　　（B）10111100　　　（C）11001100　　　（D）11001011

解析：十六进制数转换成二进制数是"一位展四位"。所以 B→1011，C→1100，BCH=10111100B。

答案：B

5.2.3　位运算

关于位的运算有逻辑运算和算术运算。

算术运算主要包括加、减、乘、除，计算时产生进位和借位。

最基本的逻辑运算有三种：逻辑加（也称"或"运算，用符号"OR""∨"或"+"表示）、逻辑乘（也称"与"运算，用符号"AND""∧"或"·"表示）以及取反（也称"非"运算，用符号"NOT"或"—"表示）运算。举例如下。

$$
\begin{array}{ccc}
\quad 1011 & \quad 1011 & \quad 1011 \\
+\,\underline{0011} & \wedge\,\underline{0011} & \vee\,\underline{0011} \\
\quad 1110 & \quad 0011 & \quad 1011 \\
\text{算术加} & \text{逻辑与} & \text{逻辑或}
\end{array}
$$

【真题解析】

两个二进制数进行算术加运算，100001+111=（　　）。

（A）101110　　　　（B）101000　　　　（C）101010　　　　（D）100101

解析：算术加运算会产生进位。1+1=10，100001+111=101000。

答案：B

5.2.4　计算机中的信息单位

1．位（bit）

位也称为比特，用符号表示为"b"，数字技术处理的对象是位，它是最小的数据单位。位有两种取值：0 或 1，没有大小之分。

2．字节（byte）

字节用符号表示为"B"，一个字节由八位二进制数组成，即 1B=8b。字节是计量存储容量和传输容量的一种单位，也是计算机体系结构的基本单位。

存储容量是存储器的一项重要的性能指标。计算机内存储器的容量通常使用 2 的幂次表示，常用的如下。

KB:	$1KB=2^{10}$ 字节=1 024B	（千字节）
MB:	$1MB=2^{20}$ 字节=1 024KB	（兆字节）
GB:	$1GB=2^{30}$ 字节=1 024MB	（吉字节、千兆字节）
TB:	$1TB=2^{40}$ 字节=1 024GB	（太字节、兆兆字节）

当然，随着存储器容量的增加，会有一些更大的新单位出现，如 PB、EB 等。

【真题解析】

（1）计算机中所有信息的存储都采用（　　）。

　　（A）二进制　　　（B）八进制　　　　（C）十进制　　　　（D）十六进制

解析：计算机中所有信息的存储都采用二进制。

答案：A

（2）在计算机中，信息的最小单位是（　　）。

　　（A）bit　　　　（B）Byte　　　　（C）Word　　　　（D）Double Word

解析：在计算机中，信息的最小单位是位（bit），1bit 表示一个二进制位；Byte 是字节，1Byte 相当于 8 个二进制位。

答案：A

（3）1GB 等于（   ）。

    （A）1 000×1 000B   （B）1 000×1 000×1 000B

    （C）3×1 024B   （D）1 024×1 024×1 024B

解析：在计算机系统中，字节是计算机存储容量的基本单位。1GB=1 024MB=1 024×1 024KB=1 024×1 024×1 024B=2^{30}B。

答案：D

（4）下列（   ）不是计算机技术中度量存储器容量的单位。

    （A）KB   （B）MB   （C）GHz   （D）GB

解析：常用的存储容量单位是 B、KB、MB、GB、TB 等。GHz 是描述频率的单位。

答案：C

5.2.5　计算机中的整数

计算机中的数值信息分成整数和实数两大类。整数不使用小数点，或者说小数点始终隐含在个位数的右面，整数也叫"定点数"。计算机中的整数分为两类：不带符号的整数，它一定是正整数（包括 0）；带符号的整数，既可表示正整数，也可表示负整数。

n 位的无符号二进制数能表示数的范围为 $0 \sim 2^n-1$，即可以表示的数值最小是 0，最大是 2^n-1。n 位的有符号二进制数能表示数的范围分为两种：如果是采用原码表示，则数据范围为 $-2^{n-1}+1 \sim 2^{n-1}-1$；如果是采用补码表示，则数据范围为 $-2^{n-1} \sim 2^{n-1}-1$。在机器语言中只使用补码。

【真题解析】

（1）字长为 6 位的无符号二进制整数能表示的最大二进制整数是（   ）。

    （A）64   （B）63   （C）32   （D）31

解析：n 位无符号二进制整数表示数的范围是 $0 \sim 2^n-1$，6 位的无符号二进制整数表示数的范围是 $0 \sim 2^6-1$。所以能表示的最大二进制整数是 63。

答案：B

（2）16 位无符号二进制数可表示的整数范围是（   ）。

    （A）0～65 535   （B）−32 768～32 767

    （C）−32 768～32 768   （D）−32 768～32 767 或 0～65 535

解析：16 位无符号二进制数的最大值是"1111111111111111"，转换为十进制数是 65 535（或 $2^{16}-1$），最小值是 0，因此，表示范围是 0～65 535。

答案：A

（3）16 位二进制数可表示的整数范围是（   ）。

    （A）0～65 535   （B）−32 768～32 767

    （C）−32 768～32 768   （D）−32 768～32 767 或 0～65 535

解析：16 位无符号二进制数的最大值是"1111111111111111"，转换为十进制数是 65 535，最小值是 0，因此，表示范围是 0～65 535。而有符号的 16 位二进制整数的最大值是 0111111111111111，最高位的 0 表示整数，转换为十进制数是 32 767。最小值是 1000000000000000，最高位的 1 表示负数，转换为十进制数是−32 768。因此，有符号的 16 位二进制整数在计算机内采用补码表示时，补码表示数的范围为$-2^{15} \sim 2^{15}-1$，即$-32\,768 \sim 32\,767$。

答案：D

5.3 多媒体

常见考点：1. ASCII 编码方法；2. 一些常见符号的 ASCII 值以及大小关系；3. 汉字的区位码、国标码和内码的概念及转换关系；4. 常用的汉字编码 GB2312、GBK、GB18030 的编码方法；5. 多媒体的概念。

5.3.1 西文字符的编码

计算机中的信息都是用二进制编码表示的，用以表示字符的二进制编码称为字符编码。计算机中最常用的字符编码是美国信息交换标准码（American Standard Code for Information Interchange，ASCII），被国际标准化组织称为国际标准。

ASCII 用一个字节的低 7 位进行编码，最高位置为 0，故 ASCII 共有 2^7=128 个不同的编码值，可以表示 128 个不同的字符编码。数字 0 的 ASCII 值为 30H 或 48D，其他数字的 ASCII 值就是在数字 0 的 ASCII 值基础上加上相应的数字值。大写字母 A 的 ASCII 值是 41H 或 65D，小写字母 a 的 ASCII 值为 61H 或 97D，其他字母的 ASCII 值就是在字母 A 或 a 的 ASCII 值基础上加上相应的序号值，序号值对应 26D 字母表中字母的排列顺序。小写字母 a 比大写字母 A 的 ASCII 值大 20H 或 32D。

128 个编码按照 ASCII 值从小到大排列如表 5-4 所示。从表 5-4 中，可以快速地比较出一些常见字符的 ASCII 值的大小。

表 5-4   不同码值大小比较

ASCII 值变化	ASCII
小 ↓ 大	控制符
	特殊符号
	阿拉伯数字（0～9）
	特殊符号
	大写字母（A～Z）
	特殊符号
	小写字母（a～z）
	特殊符号

【真题解析】

（1）已知三个字符为：a、Z 和 8，按它们的 ASCII 码值升序排列，结果是（　　）。

 （A）8，a，Z   （B）a，8，Z   （C）a，Z，8   （D）8，Z，a

解析：从 ASCII 表中可知，数字字符的 ASCII 值<大写字母的 ASCII 值<小写字母的 ASCII

值。答案为 D。

答案：D

（2）已知英文字母 m 的 ASCII 值为 6DH，那么字母 q 的 ASCII 值是（　　）。

　　（A）70H　　　　　　（B）71H　　　　　　（C）72H　　　　　　（D）6FH

解析：在 ASCII 表中，相邻的两个字符的 ASCII 值相差为 1。即若 A 的 ASCII 值为 65D，则 B 的 ASCII 码值为 66D。m 和 q 之间间隔的字符数为 4，所以 q 的 ASCII 码值为 m 的 ASCII 码值+4=6DH+4=71H。

答案：B

（3）在微型计算机中，应用最广泛的西文字符编码是（　　）。

　　（A）ASCII　　　　　（B）BCD 码　　　　　（C）汉字编码　　　　　（D）补码

解析：目前微型计算机中使用得最普遍的字符编码是 ASCII。

答案：A

（4）下列叙述中，正确的是（　　）。

　　（A）一个字符的标准 ASCII 占一个字节的存储量，其最高位二进制数总为 0

　　（B）大写英文字母的 ASCII 值大于小写英文字母的 ASCII 值

　　（C）同一个英文字母（如字母 A）的 ASCII 和它在汉字系统下的全角内码是相同的

　　（D）标准 ASCII 码表的每一个 ASCII 都能在屏幕上显示一个相应的字符

解析：选项 A：一个字符的标准的 ASCII 只有七个二进制位，存放是占用一个字节，为了和汉字的编码相区分，其最高位补为 0。选项 B：大写字母的 ASCII 值都小于小写字母的 ASCII 值。选项 C：字符的 ASCII 值是 7 位，占用一个字节，而汉字系统下的全角内码是汉字的机内码，占用两个字节。选项 D：标准 ASCII 码表有控制字符的 ASCII 是不可见的，如编码为 0 的 NULL 字符表示空。

答案：A

5.3.2　汉字的编码

ASCII 仅对英文字母、数字和标点符号进行了编码。为了使计算机能够处理、显示、打印、交换汉字字符，也需要对汉字进行编码。中文文本的基本组成单位是汉字。我国汉字的总数超过 6 万，具有数量大、字形复杂的特点，汉字在计算机内部的表示与处理、传输与交换以及汉字的输入、输出等都比西文复杂。

为了适应计算机处理汉字信息的需要，1980 年我国颁布了第一个汉字编码的国家标准——《信息交换用汉字编码字符集·基本集》（GB2312-80）。该标准规定了一般汉字信息处理时所用的 7 445 个字符编码。其中有 682 个非汉字字符，为字母、数字和各种符号，称为 GB2312 图形符号。另一部分为 6 763 个常用汉字，将其分为 3 755 个一级常用汉字和 3 008 个二级常用汉字。一级常用汉字按汉语拼音字母顺序排列，二级常用汉字按偏旁部首排列。

1．区位码

将 7 445 个国标码放在一个 94 行×94 列的表中，每一行称为一个汉字的"区"，用区号表示；每一列称为一个汉字的"位"，用位号表示。一个汉字的区号和位号的组合就是该汉字的区位码。用区位码表示汉字时，区号和位号均不能超过 94，即区号和位号的取值范围是 1～94。

2．汉字信息交换码

汉字信息交换码简称交换码，即国标码，是用于汉字信息处理系统之间或者与通信系统之间进行信息交换的汉字代码。一个字节只能表示 2^8=256 种编码，因为一个字节不可能表示常用汉字的国标码，所以国标码必须用两个字节来表示。

区位码和国标码之间的转换方法：

$$国标码=区位码（十六进制数）+2020H$$

如果区位码是十进制，则只需把 20H 换成 32D 即可。

3．汉字输入码

为将汉字输入计算机而编制的代码称为汉字输入码，也叫外码，是由键盘上的字符和数字组成的。目前流行的汉字输入码的编码方法有很多，常用的如全拼输入法、双拼输入法、搜狗输入法、五笔字型输入法等。其中前两种输入法是根据汉字的发音进行编码的，称为音码，五笔字型输入法是根据汉字的字型结构进行编码的，称为形码。

4．汉字内码

汉字内码也称机内码，是为在计算机内部对汉字进行存储、处理和传输而编制的汉字代码。当一个汉字输入计算机后就被转换为汉字内码，然后才能在机器内流动。国标码和汉字内码的关系可表示如下。

汉字内码=汉字的国标码+8080H

即将国标码的每个字节的最高位变成 1。

如汉字"中"的区位码、国标码和内码的转换方法如下。

区位码：　　3630H

　　　　　＋2020H

国标码：　　5650H

　　　　　＋8080H

内码：　　D6D0H

每个汉字的内码都是唯一的，汉字内码需要两个字节存放，每个字节的最高位均为 1。

5．汉字字型码

经过计算机处理的汉字信息，如果要显示或打印出来阅读，则必须将汉字内码转换成人们可读的"方块"汉字，每个汉字的字型信息是预先存放在计算机汉字库内的。汉字内码与汉字字型码一一对应。汉字字型码又称汉字字模，用于汉字在显示屏显示或打印机输出。

描述汉字字型的方法有两种：点阵字形和矢量字形。点阵字形就是用排列成方阵的点描述汉字。在计算机中，8 位二进制位组成一个字节。那么 16×16 点阵的字型码需要 $16\times16\div8=32B$ 的存储空间；32×32 点阵的字型码需要 $32\times32\div8=128B$ 的存储空间。

矢量表示字形存储的是描述汉字字型的轮廓特征，当要输出汉字时，通过计算机的计算，由汉字字型描述生成所需大小和形状的字型，矢量字形与最终文字显示的大小、分辨率无关，所以可以产生高质量的汉字输出。

6．汉字编码简介

GB2312 编码：于 1980 年发布的国家标准的汉字编码，仅能表示 6 763 个常用的简体汉字。

GBK 编码：国标扩充码，是我国于 1995 年颁布的又一个汉字编码标准，全称为《汉字内码扩展规范》，除了 GB2312 编码中的全部汉字和符号外，还收录了包括繁体字在内的大量汉字和符号，对 2 万多个简、繁体汉字进行了编码。这种内码仍以 2 字节表示一个汉字。

GB18030 编码：与 GB2312 编码和 GBK 编码保持向下兼容，包含的汉字多达 27 000 个。

BIG-5 码：BIG-5 码，又称大五码，与 GB 编码不兼容，为港澳台等地区使用的繁体字体集。

Unicode 编码：为了实现全球不同语言统一的编码，将全世界现代书面文字所使用的所有字符和符号集中在一起的编码，与 GB 编码不兼容。

【真题解析】

（1）下列编码中，正确的汉字内码是（　　）。

　　（A）6EF6H　　　　（B）FB6FH　　　　（C）A3A3H　　　　（D）C97CH

解析：将国标码转换为汉字内码，其实就是将两个字节的最高位变为 1，因此可知，国标码两个字节的最高位全为 0，汉字内码两个字节对应的二进制的最高位全为 1。由此分析，选项 A 的高字节 6E（01101110）很显然高位为 0，选项 B 的低字节 6F（01101111）最高位为 0，选项 D 的低字节 7C（01111100）最高位为 0。

答案：C

（2）已知汉字"中"的区位码是 5448，则其国标码是（　　）。

　　（A）7468D　　　　（B）3630H　　　　（C）6862H　　　　（D）5650H

解析：将区位码转换成国标码是十六进制数+2020H，或十进制数+3232D。题目中已告知"中"的区位码是 5448，默认是十进制数。所以"中"的国标码是 5448+3232=8680D，将其转换为十六进制数为 5650H。同时，将国标码转换为内码的转换原则是十六进制数+8080H，或十进制数+128 128。

答案：D

（3）下列 4 个 4 位十进制数中，属于正确的汉字区位码的是（　　）。

　　（A）5601　　　　（B）9596　　　　（C）9678　　　　（D）8799

解析：区位码由区号和位号组成，区号和位号是由 94 行×94 列组成，区号和位号的取值范围为 1～94。选项 B、C、D 都有不在此范围的区号或位号，所以不合法。

答案：A

（4）存储一个 32×32 点阵的汉字字型码需用的字节数是（　　）。

　　（A）256　　　　（B）128　　　　（C）72　　　　（D）16

解析：一个 32×32 点阵的汉字字型码可以用 32×32/8=128 个字节存放。如果是 n 个汉字，则只需再乘以 n 即可得到存储 n 个汉字所需要的存储空间。

答案：B

（5）汉字库中存储的是汉字的（　　）。

　　（A）输入码　　　　（B）字形码　　　　（C）汉字内码　　　　（D）区位码

解析：汉字编码主要分为汉字输入码、汉字交换码、汉字内码和汉字输出码等四大类。在计算机里存储的是汉字内码，处理、传输中使用的汉字都是汉字内码。每个汉字内码一般用两个字节（16 位二进制数）来表示，并且规定每个字节最高位都为 1。为了让计算机能够显示和打印输出汉字，需使用字形码，而字型码放在汉字库中。

答案：B

（6）根据汉字国标 GB2312-80 的规定，1KB 的存储容量能存储的汉字内码的个数是（　　）。

　　（A）128　　　　（B）256　　　　（C）512　　　　（D）1024

解析：一个汉字的内码占用两个字节的存储空间，1KB=1 024B，所以能容纳汉字内码的个数是 1 024/2=512。

答案：C

（7）全拼或简拼汉字输入法的编码属于（　　）。

　　（A）音码　　　　　（B）形声码　　　　　（C）区位码　　　　　（D）形码

解析：全拼或简拼利用汉语拼音实现汉字输入，所以这种编码属于音码。五笔型输入法是利用汉字的笔画实现汉字输入，所以它属于形码输入法。

答案：A

（8）一个汉字内码长度为 2 字节，其每个字节的最高二进制位的值分别为（　　）。

　　（A）0，0　　　　　（B）1，1　　　　　（C）1，0　　　　　（D）0，1

解析：GB2312-80 编码的每个字节的最高二进制位都是 0，将国标码转换为汉字内码的方法是将国标码的最高二进制位置为 1，所以汉字内码的最高二进制位全为 1。

答案：B

5.3.3　多媒体的概念

多媒体（Multimedia）的实质是将以不同形式存在的各种媒体信息数字化，用计算机对它们进行组织、加工，并以友好的形式提供给用户使用。

与传统媒体相比，现代多媒体具有以下特点。

（1）数字化。

传统媒体的信息基本上是模拟信号，而多媒体处理的信息都是数字化信息。

（2）交互性。

交互性是多媒体技术的关键特征，在多媒体系统中，用户可以主动地编辑、处理各种信息，即多媒体具有人机交互功能。

（3）集成性。

多媒体技术集成了许多单一的技术，如图形图像处理技术、声音处理技术等。多媒体能够同时表示和处理多种信息，对用户而言，它们是集成于一体的。这种集成包括信息的统一获取、存储和组织等方面。

多媒体计算机（Multimedia Personal Computer，MPC）是在多媒体技术的支持下能够实现多媒体信息处理的计算机系统。

1．声音

声音是通过空气传播的连续的波。计算机通过语音输入设备（如麦克风）输入语音信号，并对其进行采样、量化，将其转换成数字信号。

（1）采样。

声波是模拟信号。为了将声波转换成数字信号，需要对在时间上和幅度都连续的模拟信号进行采样，即每隔一段时间对连续的波进行采样。每秒钟的采样次数称为采样频率。

（2）量化。

将采样后得到的信号转换成相应的数值就是量化。转换后的数值以多位二进制数表示，一般量化位数为 8 位或 16 位。

在采样和量化过程中，主要使用的硬件是 A/D 转换器（模拟/数字转换器，实现模拟信号到数字信号的转换）和 D/A 转换器（数字/模拟转换器，实现数字信号到模拟信号的转换）。

（3）常见的声音文件格式。

WAV：WAV 文件又称波形文件。WAV 文件是 Windows 中采用波形文件存储格式，对声音信号进行采样、量化后生成的声音文件。

MIDI：电子乐器数字接口（Musical Instrument Digital Interface，MIDI）规定了乐器、计算机、音乐合成器以及其他电子设备之间交换音乐信息的标准。

其他格式：VOC 文件是声霸卡使用的声音文件格式，以.voc 作为文件的扩展名。AU 文件主要用在 UNIX 工作站上。AIF 文件是 Silicon Graphicand Macintosh 应用程序的声音文件格式。

2. 图像

（1）图像的分类。

按照图像的组成分为静态图像和动态图像。静态图像按其生成方法又分为两种：点阵图和矢量图。点阵图将一幅图像分成很多小像素，每个像素用若干二进制位表示图像的颜色、属性等信息。矢量图用计算机软件中的一些指令来表示一幅图，如画一条 100 像素长的红色直线等。

（2）静态图像的获取。

主要包含四步：扫描、分色、取样、量化。

组成一幅图像的每个点都被称为一个像素，每个像素值记录其颜色、属性等信息。

（3）图像的表示与压缩。

在计算机中存储的每一幅图像都具有图像分辨率、图像深度、图像大小等有关属性。

其中图像分辨率是指该图像的水平与垂直方向的像素个数。图像深度是指存储一幅图像的色彩时所需要比特位数。

图像压缩主要分为两种：有损压缩和无损压缩。

（4）常见的图像文件格式。

BMP：BMP 文件格式是微软公司在 Windows 操作系统下使用的一种标准图像文件格式，几乎所有 Windows 系列应用软件都能支持。

GIF：GIF 文件格式是压缩图像存储格式，文件容量小，被广泛应用于网络通信与因特网上。它的颜色数目较少，不超过 256 色，文件长度比较小。GIF 格式能够支持透明背景，具有在屏幕上渐进显示的功能。GIF 文件还可以将多张图像保存在同一个文件中，按预先规定的时间间隔逐一进行显示，从而形成动画的效果，它在网页制作中被大量使用。

JPG（JPEG）：第一个针对静态图像压缩的国际标准，图像大多为有损压缩。这种文件格式被广泛应用于静态图像。

TIFF：大量用于扫描仪和桌面出版，能支持多种压缩方法和多种不同类型的图像。

PNG：其开发目的是替代 GIF 和 TIFF 文件格式。

WMF：是绝大多数 Windows 应用程序都可以有效处理的格式，应用很广泛，是桌面出版中常用的图形格式。

【真题解析】

（1）下列描述中，错误的是（   ）。

（A）多媒体技术具有集成性和交互性等特点

（B）所有计算机的字长都是固定不变的，是 8 位

（C）通常计算机的存储容量越大，性能越好

（D）各种高级语言的翻译程序都属于系统软件

解析：本题综合考查了计算机的基本知识。在本题的 4 个选项中，选项 B 的说法是错误的，随着计算机硬件的发展，字长在逐步增长，通常是 8 的倍数，如 8 位、16 位、32 位、64 位等，当前主流的是 32 位，部分是 64 位。

答案：B

（2）多媒体技术的主要特点是（　　　）。

（A）实时性和信息量大 　　　　　　　　（B）集成性和交互性

（C）实时性和分布性 　　　　　　　　　（D）分布性和交互性

解析：多媒体主要具有数字化、集成性、交互性和实时性等特点，其中，集成性和交互性是最重要的，可以说它们是多媒体技术的精髓。

答案：B

全真试题练习

1．世界上公认的第一台电子计算机诞生于（　　　）。

（A）1943 年 　　　（B）1946 年 　　　（C）1950 年 　　　（D）1912 年

2．冯·诺依曼在他的 ENIAC 方案中，提出了两个重要的概念，它们是（　　　）。

（A）采用二进制和存储程序控制的概念 　　（B）引入 CPU 和内存储器的概念

（C）机器语言和十六进制 　　　　　　　　（D）ASCII 编码和指令系统

3．英文缩写 CAI 的中文意思是（　　　）。

（A）计算机辅助教育 　　　　　　　　　　（B）计算机辅助制造

（C）计算机辅助设计 　　　　　　　　　　（D）计算机辅助管理

4．下列英文缩写和中文名字的对应中，错误的是（　　　）。

（A）CAD——计算机辅助设计 　　　　　　（B）CAM——计算机辅助制造

（C）CIMS——计算机集成管理系统 　　　　（D）CAI——计算机辅助教育

5．办公室自动化（OA）是计算机的一项应用，按计算机应用的分类，它属于（　　　）。

（A）科学计算 　　　（B）辅助设计 　　　（C）实时控制 　　　（D）信息处理

6．当代微型机中所采用的元器件是（　　　）。

（A）电子管 　　　　　　　　　　　　　　（B）晶体管

（C）小规模集成电路 　　　　　　　　　　（D）大规模和超大规模集成电路

7．下列不属于计算机特点的是（　　　）。

（A）存储程序控制，工作自动化 　　　　　（B）具有逻辑推理和判断能力

（C）处理速度快、存储量大 　　　　　　　（D）不可靠、故障率高

8．二进制数 1100100 等于十进制数（　　　）。

（A）96 　　　　　　（B）100 　　　　　　（C）104 　　　　　　（D）112

9．十进制数 89 转换成二进制数是（　　　）。

(A) 1010101　　　　(B) 1011001　　　　(C) 1011011　　　　(D) 1010011

10. 在下列各种进制的数中，最小的数是（　　）。

(A) (75)D　　　　(B) (A7)H　　　　(C) (37)O　　　　(D) (11011001)B

11. 十进制数 111 转换成无符号二进制整数是（　　）。

(A) 01100101　　　(B) 01101001　　　(C) 01100111　　　(D) 01101111

12. 二进制数 110001 转换成十进制数是（　　）。

(A) 47　　　　(B) 48　　　　(C) 49　　　　(D) 51

13. 无符号二进制整数 111111 转换成十进制数是（　　）。

(A) 71　　　　(B) 65　　　　(C) 63　　　　(D) 62

14. 无符号二进制整数 1011000 转换成十进制数是（　　）。

(A) 76　　　　(B) 78　　　　(C) 88　　　　(D) 90

15. 无符号二进制整数 1011010 转换成十进制数是（　　）。

(A) 88　　　　(B) 90　　　　(C) 92　　　　(D) 93

16. 十进制数 57 转换成无符号二进制整数是（　　）。

(A) 0111001　　　(B) 0110101　　　(C) 0110011　　　(D) 0110111

17. 十进制数 101 转换成二进制数是（　　）。

(A) 01101011　　　(B) 01100011　　　(C) 01100101　　　(D) 01101010

18. 已知 a=00111000B 和 b=2FH，则下列两者之比正确的不等式是（　　）。

(A) $a>b$　　　　(B) $a=b$　　　　(C) $a<b$　　　　(D) 不能比较

19. 已知 A=10111110B，B=AEH，C=184D，下列关系成立的不等式是（　　）。

(A) $A<B<C$　　　(B) $B<C<A$　　　(C) $B<A<C$　　　(D) $C<B<A$

20. 根据数制的基本概念，比较下列各进制的整数，其中值最大的一个是（　　）。

(A) 十六进制数 10　　　　　　　　(B) 十进制数 10

(C) 八进制 10　　　　　　　　　　(D) 二进制数 10

21. 在一个非零无符号二进制整数之后添加一个 0，则此数的值为原数的（　　）。

(A) 4 倍　　　　(B) 2 倍　　　　(C) 1/2 倍　　　　(D) 1/4 倍

22. 一个字长为 6 位的无符号二进制数能表示的十进制数值范围是（　　）。

(A) 0～64　　　　(B) 0～63　　　　(C) 1～64　　　　(D) 1～63

23. 5 位二进制无符号数能表示的最大十进制整数是（　　）。

(A) 64　　　　(B) 63　　　　(C) 32　　　　(D) 31

24. 两个二进制数进行算术加运算，100001+111=（　　）。

(A) 101110　　　(B) 101000　　　(C) 101010　　　(D) 100101

25. 计算机存储器中，组成一个字节的二进制位数是（　　）。

(A) 4 bits　　　　(B) 8 bits　　　　(C) 16 bits　　　　(D) 32 bits

26. bit 的中文含义是（　　）。

(A) 位　　　　(B) 字　　　　(C) 字节　　　　(D) 字长

27. 计算机中用来表示存储空间大小的最基本单位是（　　）。

(A) Baud　　　　(B) bit　　　　(C) Byte　　　　(D) Word

28. 在计算机中，信息的最小单位是（　　）。

(A) bit   (B) Byte   (C) Word   (D) Double word

29. 在下列单位中，相比较而言（   ）是存储数据的最小单位。

    (A) 字节   (B) KB   (C) 字   (D) 卷

30. 假设某台式计算机的内存储器容量为 128MB，硬盘容量为 10GB。硬盘的容量是内存储器容量的（   ）。

    (A) 40 倍   (B) 60 倍   (C) 80 倍   (D) 100 倍

31. 计算机技术中，下列度量存储器容量的最大单位是（   ）。

    (A) KB   (B) MB   (C) Byte   (D) GB

32. 对于 ASCII 编码在机器语言中的表示，下列说法正确的是（   ）。

    (A) 使用 8 位二进制代码，最左边一位是 1

    (B) 使用 8 位二进制代码，最左边一位为 0

    (C) 使用 8 位二进制代码，最右边一位是 1

    (D) 使用 8 位二进制代码，最右边一位为 0

33. 标准 ASCII 中共有（   ）个编码。

    (A) 128   (B) 256   (C) 33   (D) 34

34. 在下列字符中，其 ASCII 值最大的一个是（   ）。

    (A) 9   (B) Z   (C) d   (D) X

35. 在下列字符中，其 ASCII 值最小的一个是（   ）。

    (A) 空格字符   (B) 0   (C) A   (D) a

36. 在标准 ASCII 码表中，已知英文字母 A 的十进制码值是 65，则英文字母 a 的十进制码值是（   ）。

    (A) 95   (B) 96   (C) 97   (D) 91

37. 在标准 ASCII 码表中，已知英文字母 K 的十进制码值是 75，则英文字母 k 的十进制码值是（   ）。

    (A) 107   (B) 101   (C) 105   (D) 106

38. 已知英文字母 m 的 ASCII 值为 6DH，那么 ASCII 值为 70H 的英文字母是（   ）。

    (A) P   (B) Q   (C) p   (D) j

39. 在下列字符中，其 ASCII 值最大的一个是（   ）。

    (A) Z   (B) 9   (C) 空格字符   (D) a

40. 在下列字符中，其 ASCII 值最小的一个是（   ）。

    (A) 9   (B) p   (C) Z   (D) a

41. 下列关于 ASCII 编码的叙述中，正确的是（   ）。

    (A) 一个字符的标准 ASCII 占一个字节，其最高二进制位总为 1

    (B) 所有大写英文字母的 ASCII 值都小于小写字母 "a" 的 ASCII 值

    (C) 所有大写英文字母的 ASCII 值都大于小写字母 "a" 的 ASCII 值

    (D) 标准 ASCII 码表有 256 个不同的字符编码

42. 根据汉字国标 GB2312-80 的规定，各类符号和一、二级汉字的个数是（   ）。

    (A) 6 763 个   (B) 7 445 个   (C) 3 008 个   (D) 3 755 个

43. 根据汉字 GB2312-80 的规定，二级常用汉字的个数是（   ）。

(A) 3 000 个　　　(B) 7 445 个　　　(C) 3 008 个　　　(D) 3 755 个

44. 在计算机内部对汉字进行存储、处理和传输的汉字代码是指（　　　）。

(A) 汉字字形码　　　(B) 汉字区位码　　　(C) 汉字内码　　　(D) 汉字交换码

45. 下列关于汉字编码的叙述中，不正确的是（　　　）。

(A) 汉字信息交换码就是国标码　　　(B) 2 个字节存储一个国标码

(C) 汉字的内码就是区位码　　　(D) 汉字的内码常用 2 个字节存储

46. 根据汉字国标 GB2312-80 的规定，1KB 的存储容量能存储汉字内码的个数是（　　　）。

(A) 128　　　(B) 256　　　(C) 512　　　(D) 1024

47. 根据汉字国标 GB2312-80 的规定，一个汉字内码的码长是（　　　）。

(A) 8 bits　　　(B) 12 bits　　　(C) 16 bits　　　(D) 24 bits

48. 下列 4 个 4 位十进制数中，属于正确的汉字区位码的是（　　　）。

(A) 5601　　　(B) 9596　　　(C) 9678　　　(D) 8799

49. 汉字区位码分别用十进制的区号和位号表示，其区号和位号的范围分别是（　　　）。

(A) 0～94，0～94　　　　　　　　(B) 1～95，1～95

(C) 1～94，1～94　　　　　　　　(D) 0～95，0～95

50. 下列 4 个选项中，正确的一项是（　　　）。

(A) 存储一个汉字和存储一个英文字符占用的存储容量是相同的

(B) 微型计算机只能进行数值运算

(C) 计算机中数据的存储和处理都使用二进制

(D) 计算机中数据的输出和输入都使用二进制

51. 下列编码中，属于正确的汉字机内码的是（　　　）。

(A) 7EF9H　　　(B) AB6EH　　　(C) C3D4H　　　(D) C26CH

52. 下列编码中，属于正确的汉字内码的是（　　　）。

(A) 5EF6H　　　(B) FB67H　　　(C) A3B3H　　　(D) C97DH

53. 一个汉字的国标码需用 2 字节存储，其每个字节的最高二进制位的值分别为（　　　）。

(A) 0，0　　　(B) 1，0　　　(C) 0，1　　　(D) 1，1

54. 一个汉字的内码和国标码之间的差别是（　　　）。

(A) 前者各字节的最高位二进制值各为 1，而后者为 0

(B) 前者各字节的最高位二进制值各为 0，而后者为 1

(C) 前者各字节的最高位二进制值各为 1、0，而后者为 0、1

(D) 前者各字节的最高位二进制值各为 0、1，而后者为 1、0

55. 若已知一个汉字的国标码是 5E38H，则其内码是（　　　）。

(A) DEB8H　　　(B) DE38H　　　(C) 5EB8H　　　(D) 7E58H

56. 已知汉字"中"的区位码是 5448，则其国标码是（　　　）。

(A) 7468D　　　(B) 3630H　　　(C) 6862H　　　(D) 5650H

57. 一个汉字的内码长度为 2 字节，其每个字节的最高二进制位的值分别为（　　　）。

(A) 0，0　　　(B) 1，1　　　(C) 1，0　　　(D) 0，1

58. 下列叙述中正确的是（　　　）。

(A) 汉字内码就是区位码

（B）在汉字的国标码 GB2313-80 的字符集中，共收集了 6 763 个常用汉字

（C）存放 80 个 24×24 点阵的汉字字模信息需要 2 560 个字节

（D）英文小写字母 e 的 ASCII 为 101，英文小写字母 h 的 ASCII 为 103

59. 全拼或简拼汉字输入法的编码属于（　　）。

（A）音码　　　　（B）形声码　　　　（C）区位码　　　　（D）形码

60. 王码五笔字型输入法属于（　　）。

（A）音码输入法　　　　　　　　（B）形码输入法

（C）音形结合的输入法　　　　　（D）联想输入法

61. 一个汉字的 16×16 点阵字形码长度的字节数是（　　）。

（A）16　　　　（B）24　　　　（C）32　　　　（D）40

62. 存储一个 32×32 点阵的汉字字形码需用的字节数是（　　）。

（A）256　　　　（B）128　　　　（C）72　　　　（D）16

63. 计算机中采用二进制表示数据是因为（　　）。

（A）两个状态的系统具有稳定性　　　（B）可以降低硬件成本

（C）运算规则简单　　　　　　　　　（D）上述三条都正确

64. 按照数的进位制概念，下列各数中正确的八进制数是（　　）。

（A）8707　　　　（B）1101　　　　（C）4109　　　　（D）10BF

65. 十进制数 60 转换成二进制数是（　　）。

（A）0111010　　　（B）0111110　　　（C）0111100　　　（D）0111101

66. 十六进制数 34B 对应的十进制数是（　　）。

（A）1234　　　　（B）843　　　　（C）768　　　　（D）333

67. 有一个数是 123，它与十六进制数 53 相等，那么该数值是（　　）。

（A）八进制数　　　（B）十进制数　　　（C）五进制　　　（D）二进制数

68. 十进制数 59 转换成无符号二进制整数是（　　）。

（A）0111101　　　（B）0111011　　　（C）0111101　　　（D）0111111

69. 已知 a=00101010B 和 b=40D，下列关系式成立的是（　　）。

（A）$a>b$　　　（B）$a=b$　　　（C）$a<b$　　　（D）不能比较

第6章 计算机硬件系统的组成和功能

大纲要求

1. 掌握 CPU 的组成及、功能以及性能指标。
2. 了解存储器的定义，掌握存储器的分类（ROM、RAM）以及各自的特点。
3. 了解常用的输入设备和各自的功能。
4. 了解常用的输出设备和各自的功能。

6.1 计算机硬件系统概述

常见考点：1. 计算机系统的两大组成部分——硬件系统和软件系统；2. 硬件系统的概念和组成；主机包含的组成部分；3. 总线的概念、种类以及作用。

6.1.1 计算机硬件系统组成

计算机系统包括硬件系统和软件系统两大部分。计算机硬件是计算机系统中所有实际物理装置的总称，它们是计算机工作的物质基础。计算机软件是指在硬件设备上运行的各种程序、数据及有关的资料，它指挥计算机执行各种动作以便完成指定的任务。

通常将不装备任何软件的计算机称为"裸机"，没有软件支持的裸机将无法工作。在计算机系统中，计算机硬件与计算机软件两者相互依存、相互渗透、缺一不可。一方面，硬件是支撑软件工作的基础，没有足够的硬件支持，软件将无法正常工作；另一方面，软件的不断更新与完善，又促进了硬件的发展。计算机系统的组成示意图如图 6-1 所示。

从逻辑上讲，计算机硬件主要包括中央处理器、内存储器、外存储器、输入设备和输出设备等，它们通过总线互相连接。计算机硬件系统由主机和外设组成。主机由 CPU、内存和总线等构成，外设由各种输入/输出设备和外部存储器组成，如图 6-2 所示。

1. 中央处理器

一台计算机中往往有多个微处理器，它们各有不同的任务，有的用于绘图，有的用于通信。其中承担系统软件和应用软件运行的处理器称为中央处理器（Central Processing Unit，CPU），运算器和控制器集成在 CPU 中。CPU 是任何计算机都必不可少的核心组成部件。

2. 存储器

存储器具备存和取两项功能，存是指往存储器里"写入"数据，取是指从存储器中"读出"数据。存储器分为内存储器和外存储器。

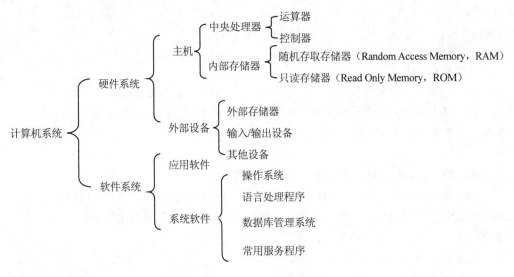

图 6-1　计算机系统的组成

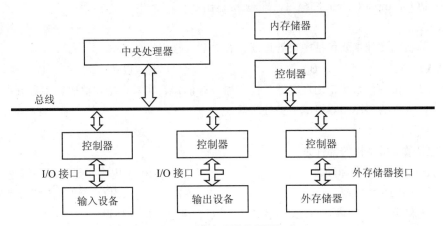

图 6-2　计算机硬件的逻辑组成

内存储器直接与 CPU 相连接，用来存储正在运行的程序及需要立即处理的数据。CPU 所执行的指令及处理的数据都是从内存储器中取出的，产生的结果一般也存在内存储器中。

外存储器用来长期存放计算机系统中几乎所有的信息。计算机执行程序时，首先要将存储在外存储器上的程序及相关的数据传送到内存储器，然后才能被 CPU 使用。即 CPU 不能直接访问外存储器的程序和数据，必须经过内存储器。

3．输入设备

输入设备实现信息向计算机中输入，可输入命令、程序、图像和视频等信息。其主要作用是把现实中的信息转换为计算机可以识别的二进制代码等输入计算机。

4．输出设备

输出设备的功能是将计算机处理后的各种信息以人们可以理解的形式输出。如显示器显示、打印机打印等。

注意：有些设备同时具有输入、输出两种功能，如硬盘、触摸屏、调制解调器、刻录光驱、软驱等。

【真题解析】

（1）计算机系统由（　　）。

　　（A）主机和系统软件组成　　　　　　　（B）主机和外设组成

　　（C）硬件系统和软件系统组成　　　　　（D）微处理器和软件系统组成

解析：计算机系统由硬件系统和软件系统两大部分组成。

答案：C

（2）组成微型计算机的硬件系统中，最核心的部件是（　　）。

　　（A）硬盘　　　　（B）I/O 设备　　　　（C）内存储器　　　　（D）CPU

解析：CPU 是计算机系统的核心部件，它的好坏直接影响着计算机的性能。

答案：D

（3）通常所说的 I/O 设备是指（　　）。

　　（A）输入/输出设备　（B）通信设备　　　（C）网络设备　　　　（D）控制设备

解析：I/O 是 Input/Output 的缩写，即输入/输出。

答案：A

（4）计算机的硬件主要包括中央处理器、存储器、输出设备和（　　）。

　　（A）键盘　　　　（B）鼠标　　　　（C）输入设备　　　　（D）显示器

解析：计算机硬件系统是由运算器、控制器、存储器、输入设备和输出设备等五大基本部件组成。其中，运算器和控制器组成中央处理器。

答案：C

（5）组成微型机主机的部件是（　　）。

　　（A）CPU、内存和硬盘　　　　　　　　（B）CPU、内存、显示器和键盘

　　（C）CPU 和内存　　　　　　　　　　　（D）CPU、内存、硬盘、显示器和键盘套

解析：主机由 CPU 和内存组成，显示器、键盘、硬盘等属于外设。

答案：C

6.1.2　计算机体系架构

1. 总线与 I/O 接口

总线（BUS）指计算机各部件之间传输信息的一组公用的信号线及相关控制电路，可包含运算器、控制器、存储器和输入/输出设备之间进行信息交换和控制传递所需要的全部信号。

按照所连接的部件来划分，总线可以划分为 CPU 总线（或称前端总线）和 I/O 总线两部分。CPU 总线指连接 CPU 和内存的总线。

I/O 总线指连接内存和 I/O 设备（包括外存）的总线。I/O 设备一般通过 I/O 接口与各自的控制器相连，控制器再与总线相连，能方便地实现 I/O 设备的更换与扩充。

按照线路上传送的信号来划分，又可以将总线划分为以下三种。

数据总线：一组用来在存储器、运算器、控制器和 I/O 设备之间传送数据信号的公共通（线）路。一方面用于 CPU 向主存储器和 I/O 接口传送数据，另一方面用于主存储器和 I/O 接口向 CPU 传送数据。数据总线是双向传输的。

地址总线：一组 CPU 向主存储器和 I/O 接口传送地址信息的公共通路。地址总线传送地址信息，地址是识别信息存放位置的编号。它是由 CPU 向内存或 I/O 接口传送的单向总线。由于地址总线传输地址信息，所以地址总线的位数决定了 CPU 可以直接寻址的内存范围。

控制总线：一组用来在存储器、运算器和 I/O 设备之间传送控制信号的公共通路。

2．计算机主要部件连接方式的演变

（1）直接连接。

早期的计算机基本采用直接连接的方式，运算器、存储器、控制器和外部设备等组成部件相互之间基本上都有单独的连接线路。这样的结构可以获得最快的连接速度，但不易扩展。冯·诺依曼研制的计算机 IAS，基本上采用了直接连接的结构。

（2）总线结构。

现代计算机普遍采用总线结构。

总线结构在发展过程中已逐步标准化，常见的总线标准有 ISA 总线、PCI 总线、EISA 总线和 AGP 总线等，近几年流行的是 PCI-E 总线。

总线结构的特点是结构清晰简单、易于扩展，尤其是 I/O 接口具有强大的扩展能力。目前总线结构广泛应用于各种计算机。

总线结构体现在硬件上就是计算机主板（Main Board），它也是配置计算机的主要硬件之一，主板的主要指标有：所用的芯片组类型、机器工作的稳定性和速度、提供插槽的种类及数量。

基于总线结构的计算机的结构示意图如图 6-2 所示。

【真题解析】

（1）在计算机的硬件系统中，通过将 CPU、存储器及 I/O 设备连接起来进行信息交换的是（　　）。

（A）总线　　　　（B）电缆　　　　（C）I/O 接口　　　（D）汉字字型码

解析：总线是计算机各部件之间（包括 CPU、存储器以及 I/O 设备）传输信息的一组公用的信号线及相关控制电路。将各部件连接并进行信息交换的是总线。

答案：A

（2）下列的论述有误的是（　　）。

（A）地址总线不能传输数据信息和控制信息

（B）地址码是指令中给出的源操作数的地址

（C）地址总线既可以传送地址信息，也可以传送控制信息和数据信息

（D）地址寄存器是用来存储地址的寄存器

解析：按照线路上传送的信号类型来划分，总线分为三种，即地址总线、数据总线和控制总线。每种总线都有其各自的功能与任务。地址总线只能传送地址信息，而不能传送控制信号和数据信息。

答案：C

（3）下列有关计算机结构的叙述中，错误的是（　　）。

（A）最早的计算机基本上采用直接连接的方式，冯·诺依曼研制的计算机 IAS，基本上就采用了直接连接的结构

（B）直接连接方式连接速度快，而且易于扩展

（C）数据总线的位数通常与 CPU 的位数相对应

（D）现代计算机普遍采用总线结构

解析： 最早的计算机基本采用直接连接的方式，运算器、存储器、控制器和外部设备四个组成部件之间的任意两个组成部件，相互之间都有单独的连接线路。这样的结构虽然可以获得最快的连接速度，但是不便于扩展，所以现代计算机普遍采用总线结构。

答案： B

6.2　CPU 的结构与原理

常见考点：1．CPU 的概念以及组成部分；2．运算器的组成及作用；3．控制器的组成及作用；4．指令的组成（操作码和操作数）；5．CPU 的性能指标（字长、主频、运算速度等）。

6.2.1　CPU 的结构

CPU 由运算器、控制器和寄存器组三个部件组成。

1．运算器

运算器（Arithmetic Unit，AU）是计算机处理数据形成信息的加工厂，它的主要功能是对二进制数进行算术运算和逻辑运算，所以也称为算术逻辑部件（Arithmetic and Logic Unit，ALU）。运算器主要由一个加法器、若干个寄存器和一些控制线路组成。运算器的核心是加法器。寄存器的作用是将操作数暂时保存，有时能够保存本次运算的结果而又参与下次的运算，它的内容就是多次累加的和，这样的寄存器称为累加器。

2．控制器

控制器（Control Unit，CU）是计算机的"神经中枢"，由它指挥计算机各个部件自动、协调地工作。控制器的基本功能是根据指令计数器中指定的地址从内存储器取出一条指令，对指令进行译码，再由操作控制部件有序地控制各部件完成操作码规定的命令。

控制器的主要部件有：指令寄存器（IR）、指令译码器（ID）、指令计数器（PC）和操作控制部件（OC）。指令寄存器保存当前执行或即将执行的指令代码，指令译码器用来解析和识别指令寄存器中所存放指令的性质和操作方法，操作控制器根据译码结果产生该指令执行过程中所需的全部控制信号和时序信号。指令计数器保存下一条要执行的指令地址，从而使程序可以自动、持续地运行。

3．寄存器组

寄存器组由十几个，甚至几十个寄存器组成。寄存器的存取速度很快，它们用来临时存放参加运算的数和运算得到的中间（或最后）结果。

【真题解析】

（1）微型计算机中，控制器的基本功能是（　　）。

（A）进行算术运算和逻辑运算　　　　（B）存储各种控制信息

（C）保持各种控制状态　　　　　　　（D）控制机器各个部件协调一致地工作

解析： 控制器是计算机的神经中枢，主要协调各个部件之间协调一致地工作。

答案： D

（2）控制器主要由指令部件、时序部件和（　　）组成。

（A）运算器　　　　（B）程序计数器　　　　（C）存储部件　　　　（D）控制部件

解析：控制器是 CPU 的一个重要部分，它由指令部件、时序部件和控制部件组成。

答案：D

（3）构成 CPU 的主要部件是（　　）。

（A）内存和控制器　　　　　　　　　（B）内存、控制器和运算器

（C）高速缓存和运算器　　　　　　　（D）控制器和运算器

解析：中央处理器 CPU 主要由三个部分组成，即运算器、控制器和寄存器组。

答案：D

6.2.2　指令与指令系统

1．指令

指令就是命令，它用来规定 CPU 执行什么操作。指令是构成程序的基本单位，程序是由一连串指令组成的。指令一般由两个部分组成：操作码和操作数。操作数又分为源操作数和目的操作数，如表 6-1 所示。

表 6-1　　　　　　　　　　　操作码和操作数

操作码	操作数	
	源操作数（或地址）	目的操作数（或地址）
指出 CPU 应执行何种操作的一个命令词，如加、减、乘、除、取数、存数等操作	指明参加运算的操作数来源	指明保存运算结果的存储单元地址或寄存器编号

如 SUB R1 R2：用 R1 中存放的数据减去 R2 中存放的数据，结果存放在 R1 中。

2．指令的执行过程

指令的执行过程：一条机器指令的执行需要具有获得指令、分析指令、执行指令三个步骤。

3．指令系统

每一种型号的 CPU 都有它独特的一组指令。CPU 所能执行的全部指令的集合称为该 CPU 的指令系统或指令集。

以 Intel 公司用于 PC 的微处理器为例，其主要产品的发展过程为：8088（8086）→80286→80386→80486→Pentium→Pentium PRO→Pentium II→Pentium III→Pentium 4→Pentium D→Core 2→Core i3/5/7 等。不同 CPU 对应的指令系统也不相同，一般采取"向下兼容"的原则扩充指令系统。

【真题解析】

一条指令必须包含操作数和（　　）。

（A）操作码　　　（B）指令集合　　　（C）指令码　　　（D）地址数

解析：一条指令必须包括操作码和操作数（又称地址数）两个部分。其中，操作码指出该指令应完成操作的类型，如加、减、乘、除和传送等；操作数指出参与操作的数据和操作结果存放的位置。

答案：A

6.2.3　CPU 的性能指标

CPU 的性能指标主要有字长、主频和运算速度。

1．字长

字长指的是 CPU 一次能同时处理的二进制数据的位数。由于存储器地址是整数，整数运算是定点运算器完成的，因而定点运算器的宽度决定了地址码位数的多少。地址码的长度决定了CPU 寻址空间的大小，即能够访问的最大内存空间，这是影响 CPU 性能的一个重要因素。个人计算机使用的 CPU 每次能处理 32 位二进制数据，如果 CPU 已经扩充到了 64 位处理功能，意味着该类型的微处理器可以并行处理 64 位二进制数据的算术运算和逻辑运算。

2．主频

CPU 时钟频率即主频，指 CPU 中电子线路的工作频率，它决定着 CPU 芯片内部数据域操作速度的快慢。主频常用单位为 GHz 等。

3．运算速度

通常是指 CPU 每秒所能执行加法指令的数目。在巨型机和大型机上，常用百万条定点指令每秒（MIPS），百万条浮点指令每秒（MFLOPS），万亿条浮点指令每秒（TFLOPS）、京次每秒等。如 "神威·太湖之光" 超级计算机的持续性能为 9.3 京次每秒，峰值性能为 12.54 京次每秒。

除此之外，还包括 Cache、指令系统、逻辑结构等性能指标。

提示：上述是关于 CPU 的性能指标。微型机的性能衡量标准除 CPU 的字长、主频、运算速度外，还包括存储容量，其分为内存容量和外存容量。这里主要指内存储器的容量（RAM 和 ROM之和）。内存储器的存取周期也是影响计算机系统性能的主要指标之一。

此外，还有计算机的可靠性、可维护性、平均无故障时间和性能价格比等也都是计算机的性能指标。

6.2.4　高速缓冲存储器 Cache

衡量 CPU 的指标中还有高速缓冲存储器，简称高速缓存或快存，即 Cache。CPU 和内存储器的处理速度之间有数量级的差距，为了缩小这个差距，引入了 Cache。程序运行过程中高速缓存有利于减少 CPU 访问内存储器的次数。

一级 Cache 直接制作在 CPU 芯片内，因此其速度几乎与 CPU 一样快。计算机在执行程序时，CPU 将预测可能会使用哪些数据和指令，并将这些数据和指令预先送入 Cache，一级 Cache 主要负责在 CPU 内部的寄存器与外部的 Cache 之间的缓冲。CPU 外部的 Cache 是二级 Cache，主要用于弥补 CPU 一级 Cache 容量过小的问题，负责整个 CPU 与内存之间的缓冲。除此之外，还有封装在主板的三级 Cache。通常，Cache 的容量越大、级数越多，其效用就越显著。

【真题解析】

（1）CPU 主要技术性能指标有（　　　）。

　　（A）字长、运算速度和主频　　　　　　（B）可靠性和精度

　　（C）耗电量和效率　　　　　　　　　　（D）冷却效率

解析：CPU 主要技术性能指标有字长、运算速度和时钟频率等。

答案：A

（2）衡量计算机指令速度的指标是（　　）。

　　（A）BAUD　　　　　　（B）MIPS　　　　　　（C）KB　　　　（D）VGA

解析：衡量计算机指令速度的指标是 MIPS，MIPS 是"Million Instructions Per Second"的缩写，意思是"百万条定点指令每秒"，指的是每秒钟能执行的指令数目。BAUD 是网络传输速率的指标，指波特率，KB 是存储单位，VGA 是显示卡的标准。

答案：B

（3）微型机使用 Pentium Ⅱ 800 的芯片，其中的 800 是指（　　）。

　　（A）显示器的类型　（B）CPU 的主频　　　　（C）内存容量　　（D）磁盘空间

解析：此题中的 800 是指 CPU 的主频（时钟频率）。CPU 的主频是指 CPU 中电子线路的工作频率，单位为 MHz。CPU 的主频与计算机的运算速度有密切关系，一般来说主频越高，其运算速度越快。

答案：B

（4）计算机存储器系统中的 Cache 是（　　）。

　　（A）只读存储器　　　　　　　　　　　（B）高速缓冲存储器

　　（C）可编程只读存储器　　　　　　　　（D）可擦除可编程只读存储器

解析：计算机系统中的 Cache 是高速缓冲存储器。在微机中，CPU 和内存的处理速度不匹配，为了提高 CPU 的工作效率，需要使用 Cache。CPU 访问 Cache 的速度要比访问内存的速度快得多。因此，如果 CPU 能在 Cache 中找到要访问的数据，就能大大提高系统的运行速度。这也是 CPU 的性能指标之一。

答案：B

（5）字长是 CPU 的主要技术性能指标之一，它表示的是（　　）。

　　（A）CPU 的计算结果的有效数字长度　　（B）CPU 一次能处理二进制数据的位数

　　（C）CPU 能表示的最大的有效数字位数　　（D）CPU 能表示的十进制整数的位数

解析：字长是指 CPU 能一次处理二进制数的位数。

答案：B

（6）高速缓冲存储器是为了解决（　　）。

　　（A）内存与辅助存储器之间速度不匹配的问题

　　（B）CPU 与辅助存储器之间速度不匹配的问题

　　（C）CPU 与内存储器之间速度不匹配的问题

　　（D）主机与外设之间速度不匹配的问题

解析：CPU 主频不断提高，对 RAM 的存取速度更快，但是内存储器的处理速度相比 CPU 速度太慢。为协调 CPU 与 RAM 之间的速度差问题，设置了高速缓冲存储器。

答案：C

（7）用 GHz 为度量单位来衡量的计算机性能是（　　）。

　　（A）存储器容量　（B）计算机转数　（C）字长　　（D）CPU 主频

解析：GHz 是 CPU 时钟频率的度量单位。A 项中存储器容量用 KB、MB 或 GB 来衡量，选项 B 通常是指硬盘转速，用 r/min 表示，C 项用 bit 或 Byte 表示。

答案：D

（8）计算机的主要技术指标通常是指（　　）。

（A）所配备的系统软件的版本

（B）CPU 的时钟频率、运算速度、字长和存储容量

（C）显示器的分辨率、打印机的配置

（D）硬盘容量的大小

解析： 计算机的性能主要以 CPU 的性能和内存的容量为考核指标，除此之外，还有主板、硬盘等指标。

答案： B

6.3　内存储器

常见考点： 1. 存储器的存储单位；2. 各种存储器（包括内存和外存）存取速度的比较；3. 只读存储器（ROM）和随机存储器（RAM）的区别；4. 静态 RAM 和动态 RAM 的比较。

6.3.1　存储器分类

存储器是存储程序和数据的部件。

存储器分为以下两类，内存储器（内存）和外存储器（外存）。

内存：是在计算机主机内的内部存储器，也称主存。

外存：是计算机主机外部涉及的存储器，称外存储器，也称辅助存储器或辅存。

内存是主板上的存储部件，用来存储当前正在执行的数据、程序和结果。内存的容量小、存取速度快，但是断电后其中的信息将全部丢失。

外存是磁性介质或光盘等部件，用来存放各种数据文件和程序文件等需要长期保存的信息。外存容的量大、存取速度慢，但是断电后所保存的内容不会丢失。计算机之所以能够反复执行程序和使用数据，就是由于存储器。

CPU 不能像访问内存一样直接访问外存，当需要某一程序或数据时，首先应将其调入内存，再运行或读取。

存储器的存取速度越快成本就越高，为了使存储器的性价比得到优化，计算机中各种内存储器和外存储器往往组成一个金字塔状的层次结构，如图 6-3 所示。

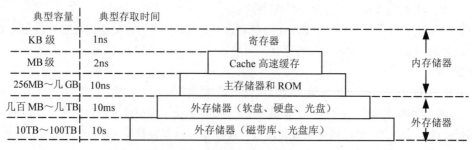

图 6-3　存储器的层次结构

现代计算机系统基本都采用 Cache、主存和辅存三级存储系统。该系统分为 "Cache—主存"

和"主存—辅存"层次。

容量是指一个存储器包含的存储单元数，一般以字节为单位。内存容量的常用单位有 KB（1KB=2^{10}B=1024B），MB（1MB= 2^{20}B=1 024KB），GB（1GB=2^{30}B=1 024MB），其中大写字母 B 表示字节。每个存储单元都有一个地址，CPU 按地址对存储单元进行访问。

【真题解析】

（1）在下列存储器中，访问周期最短的是（   ）。

（A）硬盘存储器　　（B）寄存器　　　　（C）内存储器　　　　（D）优盘

解析：依据存储器的层次结构，在四个选项中访问速度最快的是寄存器，访问速度最慢的是优盘。

答案：B

（2）在计算机的硬件技术中，构成存储器的最小单位是（   ）。

（A）字节（byte）　　　　　　　　（B）二进制位（bit）

（C）字（Word）　　　　　　　　　（D）双字（DoubleClick Word）

解析：构成存储器的最小单位是比特（bit）即二进制位，构成存储器的基本单位是字节（byte），CPU 处理的基本单位是字（Word）。

答案：B

6.3.2　内存

内存分为随机存储器（RAM）和只读存储器（ROM）两类，划分如图 6-4 所示。

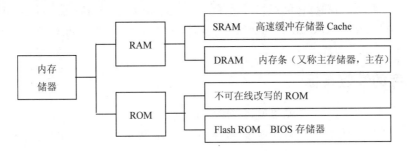

图 6-4　内存储器的类型及在计算机中的应用

1．随机存储器

随机存储器也叫读写存储器。RAM 有以下两个特点。

一是可读可写，读操作不破坏内存已有的内容，写操作才改变原来已有的内容。

二是易失性，即断电（关机或异常断电）后 RAM 存储的数据就会消失。

目前在微机上广泛使用动态随机存储器（DRAM）作为主存。还有一种静态随机存储器（SRAM），主要用于 Cache 上。DRAM 和 SRAM 两者的比较如表 6-2 所示。

表 6-2　　　　　　　　　　　　　　DRAM 和 SRAM 的比较

随机存储器类型	特　点	用　途
DRAM	功耗低，集成度高，成本低，需要刷新，速度比 SRAM 慢	主存
SRAM	功耗大，集成度低，成本高，不需要刷新，速度较快	Cache

2．只读存储器

只读存储器，其中的信息可以被 CPU 随机读取，但是不能写入，即 CPU 对只读存储器只取不存。ROM 中的信息不会丢失。ROM 一般存放计算机系统管理程序，如监控程序、基本输入/输出系统 BIOS 等。

几种常见 ROM 如下。

① 可编程只读存储器（Programmable ROM，PROM）可实现对 ROM 的写操作，但只能写一次。

② 可擦除可编程只读存储器（Erasable PROM，EPROM）可实现数据的反复擦写。

③ 电可擦可编程只读存储器。

【真题解析】

（1）随机存储器中，有一种存储器需要周期性地补充电荷以保证所存信息的正确，它称为（　　）。

（A）静态 RAM（SRAM）　　　　　　（B）动态 RAM（DRAM）

（C）RAM　　　　　　　　　　　　（D）Cache

解析：题意为这种存储器需要定期刷新才能保持信息的正确，即 DRAM。

答案：B

（2）在微型计算机内存储器中,不能用指令修改其存储内容的部分是（　　）。

（A）　RAM　（B）　DRAM　（C）　ROM　　　（D）　SRAM

解析：内存储器分为随机存储器和只读存储器。随机存储器的内容可读可写，断电后里面的信息将全部丢失。RAM、DRAM 和 SRAM 都是随机存储器，所以答案选 C。

答案：C

6.3.3　内存的性能指标

内存的性能指标有两个：存储容量和存储速度。

存储容量：指一个存储器包含的存储单元总数。目前 DDR3 内存条的容量一般为 2GB、4GB 或 8GB 等。

存储速度：速度一般用存储周期（也称为读写周期）来表示。存取周期就是 CPU 从内存储器中存取数据所需的时间（读出或写入），半导体存储器的一个周期一般为纳秒级别。

【真题解析】

（1）在微型机内存储器中，不能用指令修改其存储内容的部分是（　　）。

（A）RAM　　　　（B）DRAM　　　（C）ROM　　　　（D）SRAM

解析：ROM 是只读存储器，该存储器的信息不能用命令修改，只能读不能写。其他 3 项都属于随机存储器，可以任意对其中的内容进行修改、重写。

答案：C

（2）下列叙述中正确的是（　　）。

（A）内存中存放的是当前正在执行的应用程序和所需的数据

（B）内存中存放的是当前暂时不用的程序和数据

（C）外存中存放的是当前正在执行的程序和所需的数据

（D）内存中只能存放指令

解析：内存中存放的是当前正在执行的应用程序和所需的数据，外存中存放的是长期存放的信息。

答案：A

（3）关闭电源后，下列关于存储器的说法中正确的是（　　）。

（A）存储在 RAM 中的数据不会丢失　　　（B）存储在 ROM 中的数据不会丢失

（C）存储在软盘中的数据会全部丢失　　　（D）存储在硬盘中的数据会丢失

解析：当电源关闭后，存储在 RAM 中的数据会全部丢失，存储在 ROM 中的数据不会丢失，存储在外存上的数据也不会丢失，软盘和硬盘都属于外存。

答案：B

（4）下列关于存储器的叙述中，正确的是（　　）。

（A）CPU 能直接访问存储在内存中的数据，也能直接访问存储在外存中的数据

（B）CPU 不能直接访问存储在内存中的数据，能直接访问存储在外存中的数据

（C）CPU 只能直接访问存储在内存中的数据，不能直接访问存储在外存中的数据

（D）CPU 既不能直接访问存储在内存中的数据，也不能直接访问存储在外存中的数据

解析：CPU 可直接对内存进行访问，内存的大小直接影响程序、数据的运行速度。CPU 不能直接访问外存，必须将外存的内容调入内存后才能被 CPU 读取。

答案：C

（5）假设某台式计算机内存储器的容量为 1KB，其最后一个字节的地址是（　　）。

（A）1023H　　　（B）1024H　　　（C）0400H　　　（D）03FFH

解析：计算机内存的容量为 1KB，对应的地址数量为 $2^{10}=1\ 024$（一个字节对应一个地址编号）。起始地址为 0000H，结束地址为 $2^{10}-1=$03FFH。

答案：D

（6）下列存储器中，存取速度最快的是（　　）。

（A）CD-ROM　　　（B）Cache　　　（C）U 盘　　　（D）硬盘

解析：Cache 由静态 RAM 构成的，其存储器集成度低，但是速度快。A、C 和 D 都属于外存，外存的速度依次小于内存、Cache 和寄存器。

答案：B

（7）微型计算机存储系统中，PROM 是（　　）。

（A）可读可写存储器　　　　　　　（B）动态随机存取存储器

（C）只读存储器　　　　　　　　　（D）可编程只读存储器

解析：可编程 ROM（Programming ROM，PROM），在其出厂时，并没有写入信息，允许用户采用一定的设备将编写好的程序写进去，写入的程序固化在 PROM 中，PROM 中的内容只能写一次，一旦写入，就再也不能更改了。

答案：D

（8）静态 RAM 的特点是（　　）。

（A）在不断电的条件下，信息在静态 RAM 中保持不变，故而不必定期刷新就能永久保存信息

　　　(B) 在不断电的条件下，信息在静态 RAM 中不能永久无条件保持，必须定期刷新才不
　　　　　致丢失信息

　　　(C) 在静态 RAM 中的信箱只能读不能写

　　　(D) 在静态 RAM 中的信息断电后也不会丢失

　　解析：RAM 分为静态 RAM 和动态 RAM。前者速度快、集成度高，不用定期刷新；后者需
要经常刷新，集成度高、速度慢。

　　答案：A

6.4　外存储器

　　常见考点：1. 硬盘的组成原理和特点；2. 优盘的优点；3. 移动硬盘的工作原理和特点；4. 几
种不同的光盘以及工作特点。

　　与内存相比，外存的特点是存储量大、价格较低，而且在断电的情况下也可以长期保存信息，
常用的外存有硬盘、磁带、光盘、闪盘等。

6.4.1　硬盘（Hard Disk）

　　硬盘由磁盘片、读写控制电路和驱动器组成。它的特点是将盘片、磁头、电机驱动部件
及读写电路等做成一个不可随意拆卸的整体，并密封起来，它的防尘性好、可靠性高，对环
境要求不高。

　　为了能在盘面的指定区域上读写数据，每个磁道面被划分成数目相等的同心圆，这些同心圆
称为磁道。虽然每个磁道的长度不一样，但每个磁道的存储容量都是相同的，因此，它们的信息
存储密度不一样。每个磁道又等分成若干个弧段，这些弧段称为扇区，扇区是磁盘存储信息的最
小物理单位。磁道按半径方向由外向内，依次从 0 开始编号，一组盘片组中相同编号的磁道形成
一个假想的圆柱，称为硬盘的柱面。每个盘面有一个可径向移动的读写磁头，每个扇区的容量是
512B。

　　评价硬盘性能的常见指标有硬盘容量、硬盘接口、硬盘转速等。

　　硬盘容量是由以下几个参数决定的：磁头数、柱面数、每个磁道的扇区数和一个扇区的
容量。

　　硬盘容量的计算公式如下。

硬盘的容量=柱面数×磁道数×扇区数×512B

　　主要接口（硬盘与主板的连接部分）有 ATA（并口）、SATA（常说的串口）和 SCSI 接口。
ATA 接口和 SATA 接口的硬盘主要应用在个人电脑上，SCSI 接口的硬盘主要应用于中、高端服务
器和高档工作站中。SATA 是硬盘接口较新的一种，传输速率比 ATA 快。

　　微机中常用的硬盘转速有 5 400r/min 和 7 200r/min 两种。服务器使用的 SCSI 硬盘转速大多为
10 000r/min 或 15 000r/min 等。

　　硬盘的缺点是携带不方便。

　　固态硬盘是用固态电子存储芯片陈列制成的硬盘。固态硬盘的存储介质为闪存芯片、DRAM

或英特尔的 XPoint 颗粒。与传统机械硬盘相比，固态硬盘具有快速读写、质量轻、能耗低和体积小等特点。

【真题解析】

（1）把内存中数据传送到计算机的硬盘上去的操作称为（　　）。

　　（A）显示　　　　（B）写盘　　　　　（C）输入　　　　（D）读盘

　　解析：内存和磁盘之间对应的操作有两种，即读和写，读盘是从磁盘打开文件、程序等将数据和指令读到内存中；写盘是将内存中的数据和指令传送到计算机的磁盘里。

　　答案：B

（2）把硬盘中的数据传送到计算机的内存中的操作，称为（　　）。

　　（A）显示　　　　（B）写盘　　　　　（C）输出　　　　（D）读盘

　　解析：从磁盘中将数据传送到内存称为"读盘"或"取盘"，相反将内存中的数据传送到磁盘的过程称为"写盘"或"存盘"。

　　答案：D

（3）下列说法中，错误的是（　　）。

　　（A）硬盘驱动器和盘片是密封在一起的，不能随意更换盘片

　　（B）硬盘可以是多张盘片组成的盘片组

　　（C）硬盘的技术指标除容量外，另一个是转速

　　（D）硬盘安装在机箱内，属于主机的组成部分

　　解析：主机包括 CPU、内存和总线，硬盘属于外存。某设备安装在机箱内，不能作为它是主机组成部分的判断标准。

　　答案：D

（4）操作系统对磁盘进行读/写操作的单位是（　　）。

　　（A）磁道　　　　（B）字节　　　　　（C）扇区　　　　（D）KB

　　解析：磁盘（这里主要是指软盘）将盘面划分成多个磁道。每个磁道又划分成多个扇区，每个扇区的容量是 512B，它是磁盘存储信息的最小物理单位，也是操作系统对磁盘读/写的单位。

　　答案：C

（5）下列关于磁道的说法，正确的是（　　）。

　　（A）盘面上的磁道是一组同心圆

　　（B）由于每一个磁道的周长不同，所以每一磁道的存储容量也不同

　　（C）盘面上的磁道是一条阿基米德螺线

　　（D）磁道的编号是最内圈为 0，并按次序由内向外逐渐增大，最外圈的编号最大

　　解析：盘面上的磁道是一组同心圆，磁道的编号是最外圈为 0，并由外向内依次逐渐增大。

　　答案：A

6.4.2　移动存储产品

　　移动存储产品主要包括移动硬盘和优盘。

　　移动硬盘的特点是体积小、重量轻、存储容量大。

优盘又称闪盘或 U 盘，它利用闪速存储器（Flash Memory），又称闪存，在断电后仍能保持存储数据而不丢失的特点而制成。闪速存储器是一种新型非易失性半导体存储器。由于闪存盘没有机械式读/写装置，因此避免了移动硬盘容易由碰伤、跌落等原因造成的破坏。

USB 接口支持即插即用，使用起来非常方便。

USB 接口有以下几种：

USB 1.1 传输速率为 12Mb/s，即 1.5MB/s；

USB 2.0 传输速率为 480Mb/s，即 60MB/s；

USB 3.0 传输速率为 5Gb/s，即 640MB/s。

【真题解析】

（1）USB 1.1 和 USB 2.0 的区别之一在于传输率不同，USB 1.1 的传输率为（　　）。

（A）1.5Mb/s　　　　（B）1.5MB/s　　　　（C）60MB/s　　　　（D）100MB/s

解析：USB 接口共有 3 种，即 USB 1.1、USB 2.0 和 USB 3.0。USB 1.1 的传输速率为 1.5MB/s，USB 2.0 的传输速率为 60MB/s，USB 3.0 的传输速率为 60MB/s。

答案：B

（2）当前流行的对移动硬盘或优盘进行读/写利用的计算机接口是（　　）。

（A）并行接口　　　（B）平行接口　　　（C）USB　　　（D）UBS

解析：为了方便移动硬盘或优盘进行随时拔插使用，并根据计算机接口的发展，基本都使用 USB 接口连接使用。

答案：C

6.4.3　光盘

光盘是以光信息作为存储信息的载体来存储数据的一种物品。

光盘存储器成本不高，容量较大，且不容易损坏，便于长期保持，其读取速率比硬盘低。

光盘类型很多，主要分为两大类：一类是只读型光盘，包括 CD-ROM 和 DVD-ROM 等；另一类是可记录型光盘，包括 CD-R、CD-RW、DVD-R。

只读型光盘 CD-ROM 是用一张母盘压制而成，上面的数据只能被读取而不能被写入或修改。一次性写入光盘 CD-R 的特点是只能写一次，写完后的数据无法被改写，但是可以被多次读取，可用于重要数据的长期保存。

可擦写型光盘 CD-RW 可以重复擦写。

CD-ROM 的后继产品是 DVD-ROM。DVD 采用波长更短的红色激光、更有效的调制方式和更强的纠错方法。DVD 的容量比 CD 大得多。

蓝光光盘 BD 是 DVD 之后的下一代资源格式之一，用于存储高品质的影音以及高容量的数据。蓝光光盘采用波长更短的蓝色激光进行读写。

光盘容量：CD 光盘的最大容量大约为 700MB；DVD 光盘单面最大容量为 4.7GB，双面为 8.5GB；蓝光光盘单面单层为 25GB，双面约为 50GB。

详细情况见表 6-3。

表 6-3　　　　　　　　　光盘类型、分类、缩写和存储容量比较

光盘类型	按读写性质分	缩写	存储容量
CD 光盘	只读型光盘	CD-ROM	650MB～750MB
	可记录型光盘	CD-R	
	可擦写型光盘	CD-RW	
DVD 光盘	只读型光盘	DVD	120mmDVD 存储容量为 4.7GB～17GB
	可记录型光盘	DVD-R，　DVD+R	
	可擦写型光盘	DVD-RW，DVD+RW DVD-RAM	
蓝光光盘	只读型光盘	BD	单层盘片容量为 25GB
	可记录型光盘	BD-R	
	可擦写型光盘	BD-RE	

【真题解析】

（1）在 CD 光盘上标记有"CD-RW"字样，此标记表明这光盘（　　）。

　　（A）只能写入一次，可以反复读出的一次性写入光盘

　　（B）可多次擦除型光盘

　　（C）只能读出，不能写入的只读型光盘

　　（D）RW 是 Read and Write 的缩写

解析：CD-ROM 是只读型光盘，CD-R 是写入一次读出多次的光盘，CD-RW 是可以重复写入的光盘。

答案：B

（2）下列说法中，正确的是（　　）。

　　（A）MP3 的容量一般小于硬盘的容量

　　（B）内存储器的存取速度比移动硬盘的存取速度慢

　　（C）优盘的容量大于硬盘的容量

　　（D）光盘是唯一的外部存储器

解析：几种常见的存储器存取速度的关系是寄存器>Cache>内存>硬盘>光盘>软盘，对应的存储容量与之相反，即速度快的容量小。

答案：A

（3）CD-ROM 光盘（　　）。

　　（A）只能读不能写　（B）能读能写　　　　（C）只能写不能读　　　（D）不能读不能写

解析：光盘是外存储器。目前，光盘分为只读型光盘（如 CD-ROM）和可擦写型光盘（如 CD-RW），其中，只读型光盘（如 CD-ROM）只能读不能写，可擦写型光盘（如 CD-RW）既能读也能写。

答案：A

6.5 常用输入设备

常见考点：1. 常用的输入设备——鼠标、键盘、扫描仪、条形码阅读器、光学字符阅读器

OCR、触摸屏、手写笔、声音输入设备（如麦克风）、数码相机、数码摄像机等；2. 键盘常使用的键名及其作用；3. 鼠标的类别和接口。

输入设备用于向计算机输入命令、数据、文本、声音、图像和视频等信息，是计算机系统必不可少的重要组成部分。

1. 键盘

键盘是用户与计算机进行交流的主要输入工具，可以用来输入数据、命令和程序。常用的键盘是机械式的，另外还有多媒体键盘、手写键盘、人体工程学键盘、红外线键盘和无线键盘等。

键盘与主机相连的接口有 PS/2 接口和 USB 接口。

常用的键介绍如下。

【Alt】键与【Ctrl】键：这两个键一般与其他键组合来表示某个控制或操作，在不同的软件系统中可以定义不同的功能。

【Shift】键：又称为"换档键"。单独按下双符键代表的是下面的字符，当与【Shift】键同时按下时，代表的是上面的字符。对于 26 个字母键来说，单独按下时代表小写，当与【Shift】键一起按下时代表大写。

【Caps Lock】键：又称为"大写锁定"键。指示灯 Caps Lock 点亮时，表示键盘处于大写输入状态；指示灯 Caps Lock 不亮时，表示键盘处于小写输入状态。

2. 鼠标

常见的鼠标有机械鼠标、光学鼠标，还有便于操作和携带的无线鼠标。

键盘与主机相连的接口有 PS/2 接口和 USB 接口。

在公共场所如博物馆、图书馆、酒店等的多媒体电脑上或设备上使用的代替鼠标功能的是触摸屏，供用户查询信息。游戏中代替鼠标功能的是操纵杆。在笔记本电脑中，使用轨迹球、指点杆和触摸板代替鼠标的功能。IBM 公司的专利产品 TrackPoint（俗称小红帽），是当时专门用在 IBM 笔记本电脑上的点击设备。

鼠标和键盘的组合是微型计算机标准配置的输入设备。

3. 其他输入设备

（1）扫描仪（Scanner）。

扫描仪是将原稿（如图片、照片、底片、书稿）的影像输入计算机的一种设备。如果原稿是文本，扫描后经文字识别软件进行识别，便可以保存文字。按照扫描仪的结构来分，可以将其分为手持式、平板式、胶片专用和滚筒式等几种。

（2）条形码阅读器。

条形码阅读器是能够识别条形码的扫描装置，需连接在计算机上使用。当阅读器从左向右扫描条形码时，把不同宽窄的黑白条纹翻译成相应的编码提供给计算机。条形码阅读器广泛应用在商场、超市和图书馆等。

（3）光学阅读器。

光学阅读器（Optical Character Recognition，OCR）是一种快速字符阅读装置。它由许许多多光电管排成一个矩阵，当光源照射被扫描的文稿时，无字的白色部分反射光线强，使光电管产生较高的电压，而有字的黑色部分反射光线弱，光电管产生较低的电压。这些高、低电压的信息组合形成一个图案，并与 OCR 系统中预先存储的模板匹配，若匹配成功就可以确认该图案是何字符。

（4）语音输入设备和手写笔输入设备使汉字输入变得更为方便、容易。

（5）光笔是专门用来在显示屏幕上作图的输入设备，配合相应的软件，可以实现在屏幕上作图、改图和进行图像放大等操作。

（6）触摸屏。

触摸屏将输入和输出统一到一个设备上，简化了交互过程，与传统的键盘和鼠标输入相比更直观。触摸屏还可以配合识别软件，实现手写输入，它在公共场所或需要展示、查询等的场合应用广泛。其缺点是价格昂贵，一个性能较好的触摸屏比一台主机的价格还要高。另外它对环境也有一定要求，其抗干扰的能力有限。

（7）数码相机和数码摄像机。

数字处理和摄影、摄像技术结合的数码相机、数码摄像机能够将所拍摄的照片、视频图像以数字文件的形式传送给计算机，再通过专门的处理软件进行编辑、保存、浏览和输出等。

【真题解析】

（1）下列设备组中，完全属于计算机输入设备的一组是（　　）。

（A）喷墨打印机、显示器、键盘　　　（B）激光打印机、键盘、鼠标

（C）键盘、鼠标器、扫描仪　　　（D）打印机、绘图仪、显示器

解析：常见的输入设备有鼠标、键盘、扫描仪、条形码阅读器、光学字符阅读器 OCR、触摸屏、手写笔、声音输入设备（如麦克风）和图像输入设备（如数码相机、数码摄像机）等。选项 A 的喷墨打印机、选项 B 的激光打印机、选项 D 的绘图仪是输出设备，而不是输入设备。

答案：C

（2）在外部设备中，扫描仪属于（　　）。

（A）输出设备　　　（B）存储设备　　　（C）输入设备　　　（D）特殊设备

解析：扫描仪是通过光学扫描将图形、图像或文本输入到计算机中的一种输入设备，利用扫描仪输入图片或图像已广泛使用。

答案：C

（3）目前，在市场上销售的微型计算机中，标准配置的输入设备是（　　）。

（A）键盘+CD-ROM 驱动器　　　（B）鼠标+键盘

（C）显示器+键盘　　　（D）键盘+扫描仪

解析：微型机标准配置的输入设备是鼠标和键盘，扫描仪、CD-ROM 作为输入设备不是必须的，显示器属于输出设备。

答案：B

6.6 常用输出设备

常见考点：1. 常见的输出设备（如显示器、打印机、绘图仪、音箱或耳机、视频投影仪等）；2. CRT 和 LCD 的特点；3. 显示器的性能指标，重点是尺寸和分辨率；4. 打印机的类型——针

式打印机、激光打印机、喷墨打印机，各类打印机的特点。

1．显示器

常见的显示器有阴极射线管显示器（CRT）和液晶显示器（LCD）。液晶显示器为平板式，体积小、重量轻、功耗小，辐射低，同时耗电少，现在已广泛应用于便携式和台式计算机、数码相机、数码摄像机、电视机等设备。

显示器的主要性能指标如下。

显示器的尺寸：显示器尺寸大小以显示屏的对角线长度来度量。传统显示屏宽高比一般是 4∶3，宽屏显示器的宽高比为 16∶9 或 16∶10。目前主流产品的屏幕尺寸以 17 英寸和 19 英寸为主。

像素和点距：屏幕上图像的分辨率或清晰度取决于在屏幕上独立显示的点的直径，这个独立显示的点称为像素，屏幕上两个像素之间的距离叫点距。目前微机中常见的点距有 0.31mm、0.28mm、0.25mm 等。点距越小，分辨率就越高，显示器清晰度越高。

显示器的分辨率：指整个屏幕最多可显示像素的多少，一般以水平分辨率×垂直分辨率来表示。

刷新速率：指所显示的图像每秒钟更新的次数。刷新频率越高，图像的稳定性越好。

显存：如同系统内存，显存越大，可以存储的图像数据就越多，支持的分辨率与颜色数也就越高。计算显存容量与分辨率关系的公式为所需显存=图像分辨率×色彩精度/8。色彩精度有 16 位、24 位和 32 位等。

显示卡也称显卡或显示适配器，显示器通过显卡与主机相连。显卡的作用是在显示驱动程序的控制下，负责接收 CPU 输出的显示数据，按照显示格式进行变换并存储在显存中，再将显存中的数据以显示器所要求的方式输出到显示器。

显卡与主板的接口很多使用 AGP 接口，目前越来越多的显卡开始使用性能更好的 PCI-E 接口。

【真题解析】

（1）显示器显示图像的清晰程度主要取决于显示器的（　　）。

（A）对比度　　　　（B）亮度　　　　（C）尺寸　　　（D）分辨率

解析：显示器显示图像的清晰程度主要取决于显示器的分辨率。对于相同尺寸的显示器，分辨率越高，图像越清晰。

答案：D

（2）设在屏幕 1024 像素×768 像素的显示器上显示一幅真彩色（24 位）的图形，其显存容量是（　　）。

（A）1024×768×24　　　　　　　　　　（B）1024×768×3
（C）1024×768×2　　　　　　　　　　（D）1024×768×12

解析：一个字节等于 8bits，所以其显存容量应是 1024×768×24/8=1024×768×3。

答案：B

2．打印机

目前使用较广的打印机有针式打印机、激光打印机和喷墨打印机三种。这三种打印机的对比如表 6-4 所示。

打印机与主机接口通常采用并行口、SCSI 口，现在越来越多地使用 USB 接口。

在微机上使用的其他输出设备有绘图仪、音响、视频投影仪等。

有些设备既用作输入设备也可以作为输出设备，如调制解调器、硬盘、光盘刻录机等。

表 6-4　　　　　　　　　　　　　常用打印机的特点与应用领域

打印机类型	类　型	优　　　点	缺　　　点	应 用 领 域
针式打印机	击打式	耗材成本低，能多层套打，适合于票据打印	打印质量不高，工作噪声大，速度慢	银行、证券、企业打印存折和票据等
激光打印机	非击打式	分辨率较高，打印质量好，速度高，噪声低，价格适中	彩色输出价格比较高	家庭及办公
喷墨打印机	非击打式	打印近似全彩色图像，效果好，低噪音，使用低电压，环保	墨水成本高，消耗快	家庭及办公

目前，不少设备同时集成了输入和输出两种功能。如，调制解调器既可以发送也可以接收数据；光盘刻录机可作为输入设备，将光盘上的数据读入计算机内存储器，也可以作为输出设备，将数据刻录到 CD-R 或 CD-RW 光盘；硬盘、优盘等是既可以读数据也可以写数据的存储介质，即具有输入和输出功能的设备。

【真题解析】

下列设备中，既可作为输入设备又可作为输出设备的是（　　　）。

（A）图形扫描仪　　　（B）磁盘驱动器　　　　　（C）绘图仪　　　　　（D）显示器

解析：图形扫描仪属于输入设备，绘图仪属于输出设备，显示器属于输出设备，磁盘驱动器既是输入设备也是输出设备。

答案：B

全真试题练习

1．下列关于 CD-R 光盘的描述中，错误的是（　　　）。

（A）只能写入一次，可以反复读出的一次性写入光盘

（B）可多次擦除型光盘

（C）以用来存储大量用户数据的，一次性写入的光盘

（D）CD-R 是 Compact Disc Recordable 的缩写

2．下列说法中，正确的是（　　　）。

（A）MP3 的容量一般大于硬盘的容量

（B）内存储器的存取速度比移动硬盘的存取速度快

（C）优盘的容量大于硬盘的容量

（D）光盘是唯一的外部存储器

3．对 CD-ROM 可以进行的操作是（　　　）。

（A）读或写　　　　　（B）只能读不能写　　　（C）只能写不能读　　　（D）能存不能取

4．下列不属于外存储器的是（　　　）。

（A）软盘存储器　　　（B）硬盘存储器　　　　（C）光盘存储器　　　　（D）ROM

5．下列 4 种存储器中，具有易失性的存储器是（　　　）。

(A) RAM　　　　(B) ROM　　　　　(C) CD-ROM　　　　(D) DVD-ROM

6. 计算机主要技术指标通常是指（　　）。

(A) 所配备的系统软件的版本

(B) CPU 的时钟频率、运算速度、字长和存储容量

(C) 显示器的分辨率、打印机的配置

(D) 硬盘容量的大小

7. 下列不属于 CPU 性能指标的一项是（　　）。

(A) 字长　　　　(B) 主频　　　　(C) 运算速度　　　　(D) 存取周期

8. 组成一个完整的计算机系统应该包括（　　）。

(A) 主机、鼠标器、键盘和显示器　　　(B) 系统软件和应用软件

(C) 主机、显示器、键盘和音箱等外部设备　(D) 硬件系统和软件系统

9. 计算机硬件系统主要包括运算器、存储器、输入设备、输出设备和（　　）。

(A) 控制器　　　(B) 显示器　　　(C) 磁盘驱动器　　(D) 打印机

10. 计算机的硬件系统主要包括中央处理器、存储器、输出设备和（　　）。

(A) 键盘　　　　(B) 鼠标　　　　(C) 输入设备　　　(D) 扫描仪

11.（　　）是系统部件之间传送信息的公共通道，各部件由总线连接并通过它传递数据和控制信号。

(A) 总线　　　　(B) I/O 接口　　　(C) 电缆　　　　(D) 扁缆

12. 下列有关总线和主板的叙述中，错误的是（　　）。

(A) 外设可以直接挂在总线上

(B) 总线体现在硬件上就是计算机主板

(C) 主板上配有插 CPU、内存条、显示卡等的各类扩展槽或接口，而光盘驱动器和硬盘驱动器则通过扁缆与主板相连

(D) 在电脑维修中，把 CPU、主板、内存、显卡加上电源所组成的系统叫最小化系统

13. 计算机的系统总线是计算机各部件间传递信息的公共通道，它分为（　　）。

(A) 数据总线和控制总线　　　　(B) 地址总线和数据总线

(C) 数据总线、控制总线和地址总线　(D) 地址总线和控制总线

14. 构成 CPU 的主要部件是（　　）。

(A) 内存和控制器　　　　(B) 内存、控制器和运算器

(C) 高速缓存和运算器　　　(D) 控制器和运算器

15. 组成 CPU 的主要部件是控制器和（　　）。

(A) 存储器　　　(B) 运算器　　　(C) 寄存器　　　(D) 编辑器

16. 当前流行的 Pentium 4 CPU 的字长是（　　）。

(A) 8 bits　　　(B) 16 bits　　　(C) 32 bits　　　(D) 64 bits

17. 度量处理器 CPU 时钟频率的单位是（　　）。

(A) MIPS　　　(B) MB　　　　(C) MHz　　　　(D) Mbits

18. 下列计算机技术词汇的英文缩写和中文名字对应中，错误的是（　　）。

(A) CPU——中央处理器　　　　(B) LU——算术逻辑部件

(C) CU——控制部件　　　　　(D) OS——输出服务

19. Cache 的中文译名是（　　）。

    （A）缓冲器　　　　　　　　　　　　　　（B）只读存储器

    （C）高速缓冲存储器　　　　　　　　　　（D）可编程只读存储器

20. 高速缓冲存储器是为了解决（　　）。

    （A）外存储器与内存储器之间速度不匹配的问题

    （B）主存储器与辅助存储器之间速度不匹配的问题

    （C）CPU 与内存储器之间速度不匹配的问题

    （D）CPU 与外存储器之间速度不匹配的问题

21. 计算机技术中，英文缩写 CPU 的中文译名是（　　）。

    （A）控制器　　　　（B）运算器　　　　（C）中央处理器　　　（D）寄存器

22. 用来存储当前正在运行的应用程序的存储器是（　　）。

    （A）内存　　　　　（B）硬盘　　　　　（C）软盘　　　　　（D）CD-ROM

23. 假设某台式计算机内存储器的容量为 64KB，其最后一个字节的地址是（　　）。

    （A）65535H　　　　（B）65536H　　　　（C）FFFFH　　　　（D）FFFEH

24. 下列叙述中，错误的是（　　）。

    （A）内存储器一般由 ROM 和 RAM 组成

    （B）RAM 中存储的数据一旦断电就全部丢失

    （C）CPU 可以直接存取硬盘中的数据

    （D）存储在 ROM 中的数据断电后也不会丢失

25. 下列四条叙述中，正确的一条是（　　）。

    （A）假若 CPU 向外输出 20 位地址，则它能直接访问的存储空间可达 1MB

    （B）PC 机在使用过程中突然断电，SRAM 中存储的信息不会丢失

    （C）PC 机在使用过程中突然断电，DRAM 中存储的信息不会丢失

    （D）外存储器中的信息可以直接被 CPU 处理

26. 下列存储器中，存取周期最短的是（　　）。

    （A）硬盘存储器　　（B）CD-ROM　　　　（C）DRAM　　　　　（D）SRAM

27. 计算机内存储器通常采用是（　　）。

    （A）光存储器　　　（B）光盘存储器　　　（C）半导体存储器　　（D）磁带存储器

28. RAM 具有的特点是（　　）。

    （A）海量存储

    （B）存储在其中的信息可以永久保存

    （C）一旦断电，存储在其上的信息将全部消失且无法恢复

    （D）存储在其中的数据不能改写

29. 在微型计算机系统中运行某一程序时，若存储容量不够，可以通过下列（　　）方法来解决。

    （A）扩展内存　　　　　　　　　　　　　（B）增加硬盘容量

    （C）采用光盘　　　　　　　　　　　　　（D）采用大容量 U 盘

30. 微型计算机存储系统中，PROM 是（　　）。

    （A）可读写存储器　　　　　　　　　　　（B）动态随机存储器

(C) 只读存储器　　　　　　　　　　　　(D) 可编程只读存储器

31．下列设备中，可以作为微型计算机输入设备的是（　　）。
　　(A) 打印机　　　　(B) 显示器　　　　(C) 鼠标　　　　(D) 绘图仪

32．键盘上的【Shift】键称为（　　）。
　　(A) 删除键　　　　(B) 换档键　　　　(C) 制表键　　　　(D) 锁定大写字母键

33．下列设备组中，完全属于输入设备的一组是（　　）。
　　(A) 喷墨打印机，显示器，键盘　　　　　(B) 扫描仪，键盘，鼠标
　　(C) 键盘，鼠标，绘图仪　　　　　　　　(D) 打印机，键盘，显示器

34．目前，在市场上销售的微型计算机中，标准配置的输入设备是（　　）。
　　(A) 键盘+CD-ROM 驱动器　　　　　　(B) 鼠标+键盘
　　(C) 显示器+键盘　　　　　　　　　　　(D) 键盘+扫描仪

35．下列设备组，完全属于输出设备的一组是（　　）。
　　(A) 喷墨打印机、显示器、键盘　　　　　(B) 激光打印机、键盘、鼠标
　　(C) 键盘、鼠标、扫描仪　　　　　　　　(D) 打印机、绘图仪、显示器

36．以下属于点阵打印机的是（　　）。
　　(A) 喷墨打印机　　　　(B) 激光打印机　　　　(C) 热敏打印机　　　　(D) 针式打印机

37．下列打印机中（　　）印刷的质量好、分辨率最高。
　　(A) 针式打印机　　　　(B) 喷墨打印机　　　　(C) 点阵打印机　　　　(D) 激光打印机

38．下列设备中，完全属于外部设备的一组是（　　）。
　　(A) 激光打印机，移动硬盘，鼠标　　　　(B) CPU，键盘，显示器
　　(C) SRAM 内存条，CD-ROM 驱动器，扫描仪　　　(D) 优盘，内存储器，硬盘

39．下列术语中，属于显示器性能指标的是（　　）。
　　(A) 速度　　　　(B) 可靠性　　　　(C) 分辨率　　　　(D) 精度

40．显示器的尺寸即屏幕的大小是以（　　）长度来度量的，一般有 15 英寸、17 英寸、19 英寸等。
　　(A) 对角线　　　　(B) 垂直　　　　(C) 水平　　　　(D) 平均

41．下列选项中，既可作为输入设备又可以作为输出设备的是（　　）。
　　(A) 扫描仪　　　　(B) 绘图仪　　　　(C) 鼠标　　　　(D) 磁盘驱动器

42．计算机外存储器中的信息在断电后（　　）。
　　(A) 全部丢失　　　　(B) 大部分丢失　　　　(C) 一小部分丢失　　　　(D) 不会丢失

43．下列说法中，错误的是（　　）。
　　(A) 硬盘驱动器和盘片是密封在一起的，不能随意更换盘片
　　(B) 硬盘可以是多张盘片组成的盘片组
　　(C) 硬盘的技术指标除容量外，另一个是转速
　　(D) 硬盘安装在机箱内，属于主机的组成部分

44．磁盘格式化时，被划分为一定数量的同心圆磁道，软盘上最外圈的磁道是（　　）。
　　(A) 0 磁道　　　　(B) 1 磁道　　　　(C) 79 磁道　　　　(D) 80 磁道

45．把存储在硬盘上的程序传送到指定的内存区域中，这种操作称为（　　）。
　　(A) 输出　　　　(B) 写盘　　　　(C) 输入　　　　(D) 读盘

46. 目前市售的 USB FLASH DISK（俗称优盘）是一种（　　）。
    （A）输出设备　　　　　　（B）输入设备　　　（C）存储设备　　　（D）显示设备
47. 关于优盘特点的叙述有误的是（　　）。
    （A）是一种可移动盘存储器　　　　　　（B）体积小、容量大、质量轻
    （C）不能即插即用　　　　　　　　　　（D）具有非易失性

第7章 计算机软件系统

大纲要求

1. 了解计算机软件系统的概念，掌握软件系统的组成和功能。
2. 熟悉系统软件和应用软件的概念和分类。
3. 掌握程序设计语言（机器语言、汇编语言、高级语言）的概念。了解常用的编程语言。
4. 掌握操作系统的概念，熟悉操作系统的功能。

7.1 计算机软件系统概述

常见考点：1. 计算机软件的概念及组成；2. 系统软件的组成及常见的系统软件；3. 应用软件的概念、分类及常见的应用软件。

计算机系统由硬件系统和软件系统组成。裸机，即没有安装任何软件系统的计算机，只能识别 0 和 1 组成的机器代码。计算机的功能不仅取决于硬件系统，在更大程度上与所安装的软件系统也是分不开的。

所谓软件系统是为了运行、管理和维护计算机而编制的各种程序、数据和文档的总称。

图 7-1 表示了计算机硬件、软件和用户之间的关系，这种关系是一种层次结构，其中计算机硬件处于最内层，而应用软件是硬件和用户之间的接口，用户通过应用软件使用计算机的硬件。

从应用的角度来划分，软件系统分为系统软件和应用软件两大类。计算机软件系统的组成如图 7-2 所示。

软件是计算机的"灵魂"，没有软件的计算机毫无用处。软件是用户与硬件之间的接口，用户通过软件使用计算机硬件资源。软件与程序的区别和联系如下。

1. 程序

程序是按照一定顺序执行的、能够完成某一任务的指令集合。

2. 软件

软件是由程序、数据及其相关文档组成的集合，其中，程序是主体。

计算机软件分为系统软件和应用软件。

（1）系统软件。

系统软件由一组控制计算机系统并管理其资源的程序组成，其主要功能包括启动计算机，存储、加载和执行应用程序，对文件进行排序、检索，将程序语言翻译成机器语言等。

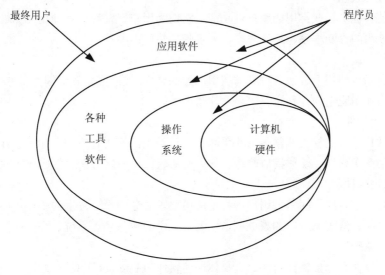

图 7-1 计算机系统的层次结构

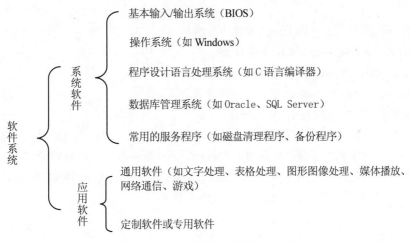

图 7-2 计算机软件系统的组成

系统软件主要包括：操作系统（Operating System，OS）；程序设计语言处理系统，如 C 语言编译器（C 语言编译程序）；数据库管理系统（DataBase Management System，DBMS）；服务程序，也称为工具程序，如磁盘清理程序、备份程序等。

① 操作系统。

操作系统是管理、控制和监督计算机软件、硬件资源协调运行的程序系统，是系统软件中最重要、最基本的软件。常用的操作系统有 Windows、Linux、UNIX、macOS、DOS 等。

② 语言处理系统。

语言处理系统主要是将程序语言翻译成机器语言的系统。

③ 数据库管理系统。

数据库是指按照一定联系存储的数据集合，可为多种应用共享。数据库管理系统则是能够对数据库进行加工、管理的系统软件，如 SQL Server、Sybase、Oracle 等都属于数据库管理系统。

④ 系统辅助处理服务程序。

服务程序能够提供一些常用的服务性功能，它们为用户开发程序和使用计算机提供了方便，如微机上经常使用的诊断程序、调试程序、磁盘碎片整理程序等。

（2）应用软件。

应用软件泛指专门用于解决各种具体应用问题的软件。按照应用软件的开发方式和使用范围，应用软件可分为通用应用软件和定制应用软件两大类。

① 通用应用软件。

通用应用软件包含的种类非常多，几乎涵盖了日常生活的所有应用，如文字处理软件、表格处理软件、图形图像软件、媒体播放软件、网络通信软件、信息检索软件、游戏软件等。

② 定制应用软件。

定制应用软件是按照不同领域用户的特定应用要求而专门设计开发的软件。如超市的销售管理和市场预测系统、汽车制造厂的集成制造系统、大学的教务管理系统、医院的挂号计费系统、酒店的客房管理系统等。

常见的应用软件有办公软件套件、多媒体处理软件和 Internet 工具软件等。

【真题解析】

（1）下列各组软件中，完全属于应用软件的一组是（　　）。

　（A）UNIX，WPS Office 2003，MS-DOS

　（B）AutoCAD，Photoshop，PowerPoint 2000

　（C）Oracle，FORTRAN 编译系统，系统诊断程序

　（D）物流管理程序，Sybase，Windows 2000

解析：系统软件主要包括操作系统；程序设计语言处理系统，如 C 语言编译器；数据库管理系统；服务程序，也称为工具程序，如磁盘清理程序、备份程序等。应用软件泛指那些专门用于解决各种具体应用问题的软件。选项 A 中的 UNIX、MS-DOS，选项 C 的全部和选项 D 的 Sybase 和 Windows 2000 都是系统软件。只有选项 B 全是应用软件。

答案：B

（2）下列说法中，正确的说法是（　　）。

　（A）编译程序、解释程序和汇编程序不是系统软件

　（B）故障诊断程序、排错程序、人事管理系统属于应用软件

　（C）操作系统、财务管理程序、系统服务程序都不是应用软件

　（D）操作系统和各种程序设计语言的处理程序都是系统软件

解析：系统软件包括操作系统、程序语言处理系统、数据库管理系统以及服务程序。应用软件具有很多种类，大致分为通用应用软件和定制应用软件。

答案：D

（3）计算机软件系统包括（　　）。

　（A）系统软件和应用软件　　　　　　（B）编辑软件和应用软件

　（C）数据库软件和工具软件　　　　　　（D）程序和数据

解析：计算机软件系统包括系统软件和应用软件两大类。

答案：A

（4）下列各组件中，完全属于系统软件的一组是（　　　）。

（A）UNIX，WPS Office 2003，MS-DOS

（B）AutoCAD，Photoshop，PowerPoint 2003

（C）Oracle，FORTRAN 编译系统，系统诊断程序

（D）物流管理程序，Sybase，Windows XP

解析：A 项的 WPS Office 2003、B 项的全部和 D 项的物流管理程序是应用软件，其他都是系统软件。

答案：C

7.2 操作系统

常见考点：1. 操作系统的概念；2. 操作系统的五大功能；3. 操作系统的分类及常见操作系统的特点。

操作系统是管理、控制和监督计算机软、硬件资源协调运行的程序系统，由一系列具有不同控制和管理功能的程序组成，它是直接运行在计算机硬件上的、最基本的系统软件，是系统软件的核心。它的主要作用是管理，即管理计算机的所有资源，包括软件、硬件和数据资源。

1. 操作系统的功能

操作系统的功能十分丰富，操作系统通常包含五大功能：处理器管理（CPU 管理）、作业管理、存储器管理、设备管理（包括输入和输出设备）和文件管理。操作系统通过对各种资源进行合理的分配，改善资源的共享和利用程度，最大限度地发挥计算机系统的工作效率，提高计算机系统的处理能力。

（1）处理器管理。对处理器执行时间的管理，将每个任务合理地分配给 CPU，包括进程控制，即创建、撤销、挂起进程和改变进程运行优先级等；进程同步，即协调并发进程之间的步骤；进程通信，即进程之间传送数据，以协调进程间的协作；进程调度，即作业和进程的运行切换。

（2）存储管理。存储管理的工作主要是对内存储器进行管理。包括存储分配与回收、存储保护、地址变换和主存扩充等。存储管理的目的是尽量提高内存的使用效率。

（3）设备管理。设备管理的任务是监视计算机输入和输出资源的使用情况，根据一定的分配策略，把资源分配给请求输入和输出操作的程序，并启动设备完成所需的操作。为了发挥设备和处理器的并行工作能力，常采用缓冲技术和虚拟技术。

（4）文件管理（信息管理）。文件管理是对系统软件资源的管理。对用户来说，文件系统是操作系统中最直观的部分。通常把程序和数据通称为信息或文件。文件管理的功能包括文件的建立、存储、修改、检索、共享和保护。

（5）作业管理。完成某个独立任务的程序及其所需的数据称为一个作业。作业管理的任务主要是为用户提供一个运行自己作业的界面，并对系统中所有的作业进行调度和管理，尽可能提高系统的效率，包括任务、界面管理、人机交互、图形界面等。

2. 操作系统的分类

在操作系统的发展过程中，出现了很多不同类型的操作系统，根据功能和特性的不同分为批处理操作系统、分时操作系统和实时操作系统等；根据同时管理的用户数的多少分为单用户操作

系统和多用户操作系统；适合计算机网络管理的网络操作系统。

操作系统通常分为以下五大类。

（1）单用户操作系统。

单用户操作系统的主要特征是计算机系统一次只能支持一个用户程序。如，DOS 操作系统和 Windows 单机版操作系统属于这一类。

提示：Windows 操作系统包含单机版和网络版，单机版是单用户的，但是网络操作系统如 Windows 2000 Server、Windows NT 等是多用户操作系统。

（2）批处理操作系统。

由于单用户操作系统的 CPU 使用效率低，I/O 设备资源未充分利用，因而产生了多道批处理系统，多道即指多个程序或多个作业同时存在和运行，也称多任务操作系统，如 Windows 的 95 版之后都是多任务的操作系统，还有 IBM 的 DOS/VSE 等。

（3）分时操作系统。

分时操作系统也叫多用户操作系统，是指一台计算机连接多个终端。其特征是在一台计算机周围挂上若干台近程或远程终端用户，每个用户可以在各自的终端上以交互的方式控制作业运行，此时系统把 CPU 分成若干个时间片，采用时间片轮转的方式处理用户的服务请求。UNIX 是世界上最流行的多用户操作系统之一，同时具有强大的网络通信与网络服务的功能，是广泛使用的网络操作系统。Linux 操作系统是类 UNIX 的操作系统，也是多用户多任务操作系统，是开源的，使用也比较广泛。

（4）实时操作系统。

有响应时间要求的快速处理过程叫作实时处理过程。满足实时处理要求的操作系统称为实时操作系统。实时操作系统可按其使用方式分为两类：一类是广泛应用于钢铁、炼油、化工生产过程控制、武器制导等各个领域的实时控制系统；另一类是广泛应用于自动订购飞机票和火车票系统、情报检索系统、银行业务系统等的实时数据处理系统。

（5）网络操作系统。

提供网络通信和网络资源共享功能的操作系统称为网络操作系统，如 Windows Server 版、UNIX、Linux、NetWare 等。

3. 进程和线程

进程是程序的一次执行过程，是系统进行调度和资源分配的一个独立单位，也是一个正在运行的程序，有时又称任务。通过操作系统的任务管理器可以查看当前正在运行的进程。可以利用任务管理器快速查看进程信息，或强制终止某个进程。

线程是进程概念的延伸，随着硬件和软件技术的发展，为了更好地实现并发处理和资源共享，以及提高 CPU 的利用率，很多情况下把进程再细分为多个线程。

【真题解析】

（1）下列各选项中，对计算机操作系统的作用进行完整描述的是（　　）。

　（A）用户与计算机的界面

　（B）对用户存储的文件进行管理，方便用户

　（C）执行用户输入的各类命令

　（D）管理计算机系统的全部软、硬件资源，合理组织计算机的工作流程，以达到充分发

挥计算机资源的效率，为用户提供使用计算机的友好界面

解析：操作系统是管理、控制和监督计算机软、硬件资源协调运行的程序系统，由一系列具有不同控制和管理功能的程序组成，是直接运行在计算机硬件上的、最基本的系统软件，是系统软件的核心。

答案：D

（2）下列关于操作系统的叙述中，正确的是（　　）。

　　（A）操作系统是计算机软件系统的核心软件

　　（B）操作系统属于应用软件

　　（C）Windows 是 PC 唯一的操作系统

　　（D）操作系统的五大功能是：启动、打印、显示、文件存取和关机

解析：操作系统是系统软件的一种，是计算机软件系统中的核心软件。它的五大功能是处理器管理、存储管理、文件管理、设备管理和作业管理。

答案：A

（3）目前，比较流行的 UNIX 系统属于（　　）。

　　（A）单用户操作系统　　　　　　　（B）分时操作系统

　　（C）批处理操作系统　　　　　　　（D）实时操作系统

解析：分时操作系统的主要特征是在一台计算机周围挂上若干台近程或远程终端，每个用户可以在各自的终端上以交互的方式控制作业运行。UNIX 是目前国际上最流行的分时系统之一，即多用户多任务系统。

答案：B

（4）微机上广泛使用的 Windows XP 是（　　）。

　　（A）多用户多任务操作系统　　　　（B）单用户多任务操作系统

　　（C）实时操作系统　　　　　　　　（D）多用户分时操作系统

解析：DOS 是一个单用户单任务系统，而 Windows 单机版操作系统则是一个单用户多任务系统。

答案：B

（5）操作系统是（　　）。

　　（A）软件与硬件的接口　　　　　　（B）计算机与用户的接口

　　（C）主机与外设的接口　　　　　　（D）高级语言与机器语言的接口

解析：操作系统是计算机系统必不可少的组成部分，是系统软件的核心，对整个计算机系统进行调度、管理、监视和服务，是用户使用计算机的接口和平台。

答案：B

（6）操作系统将 CPU 的时间资源划分成极短的时间片，轮流分配给各终端用户，使终端用户单独分享 CPU 的时间片，有"独占计算机"的感觉，这种操作系统称为（　　）。

　　（A）实时操作系统　　　　　　　　（B）批处理操作系统

　　（C）分时操作系统　　　　　　　　（D）分布式操作系统

解析：在分时操作系统管理下，虽然各终端用户访问或使用的是同一台计算机，但是能给用户一种"独占计算机"的感觉。实际上这是分时操作系统将 CPU 时间资源划分成极小的时间片（毫秒级），并轮流分给每个用户使用，它是多用户多任务操作系统，即分时操作系统。

答案：C

7.3 计算机语言及其处理系统

常见考点：1．机器语言的特点（直接被计算机执行、执行速度快、可读性差、不容易被记忆、移植性差）；2．汇编语言的特点（使用助记符编程、需要汇编才能被计算机执行）；3．高级语言的特点（可读性好、便于编程、移植性好、需要编译）；4．源程序编译的过程。

语言处理程序是人与计算机交换信息的工具，用于将源程序转换成计算机能够识别的目标程序，从而让计算机能够解决实际问题。语言处理程序是一类系统软件的总称，其作用是把高级语言编写的程序翻译成机器语言程序，使得程序可以在计算机上运行。用高级语言或汇编语言编写的程序称为源程序，源程序不能直接在计算机上执行。

程序设计语言通常分为三种：机器语言、汇编语言和高级语言。

1．机器语言

机器语言即指令系统，不同型号或系列的 CPU 所包含的指令系统不一样。指令是指给计算机下达的一道命令，它告诉计算机要做什么操作。每条指令都对应一串二进制代码。机器语言是计算机唯一能够识别并执行的语言，与其他程序设计语言相比，其执行效率高，而且不需要翻译。

用机器语言编写的程序叫机器语言程序，由于机器语言中每条指令都是一串二进制代码，它的可读性差、不易记忆，编写程序容易出错，程序的调试和修改的难度也大。因为机器语言直接依赖于机器，所以在某种类型计算机上编写的机器语言不一定能在另一种类型的计算机上使用，即可移植性差。

随着新型号微处理器的不断推出，CPU 的指令系统也在发展变化。以 Intel 公司用于 PC 的微处理器为例，其主要产品的发展过程为：8088（8086）→80286→80386→80486→Pentium→Pentium PRO→Pentium II→Pentium III→Pentium 4→Pentium D→Core2。为了解决软件兼容性问题，需要对指令系统采取"向下兼容"的原则。这样，使用新型号处理器的机器可以执行在旧型号处理器的机器上的程序，但是旧型号处理器的机器不能保证一定可以运行新型号处理器的机器上所有新开发的程序。不同公司生产的 CPU 有各自的指令系统，它们未必兼容。如 Intel 公司的微处理器与苹果公司生产的 Macintosh 个人计算机使用的 CPU（IBM 的 Power PC 微处理器）互不兼容。

2．汇编语言

汇编语言不再使用难以记忆的二进制代码，而是使用比较容易识别、记忆的辅助符号，汇编语言也叫符号语言。用汇编语言编写的程序称为汇编语言源程序，计算机不能直接识别和执行，必须先把汇编语言源程序翻译成机器语言程序即目标程序，然后才能执行。这个翻译过程是由事先存放在机器中的汇编程序完成的，叫作汇编过程。把汇编语言编写的程序翻译成机器语言的过程称为汇编，而完成汇编任务的程序称为汇编程序。与机器语言相比，汇编语言虽然可以提高效率，但是仍然不够直观简便。

3．高级语言

高级语言与自然语言接近，表示方法接近解决问题的表示方法，而且具有通用性，在一定程度上与机器无关。高级语言的特点是易学、易用、易维护，适合于人们更有效、更方便地用它来编写各种用途的计算机程序。

用高级语言编写的程序称为高级语言源程序，计算机不能直接识别和执行它，必须先把高级语言源程序"翻译"成机器语言程序（目标程序，扩展名为.obj），然后才能执行。翻译的方法有两种：解释和编译。解释方法直接解释执行源程序，对源程序的语句从头到尾逐句扫描、逐句翻译。解释方法不产生目标程序，翻译一句执行一句，如果多次重复就要多次翻译，因此效率比较低。编译方法是对源程序扫描一遍或多遍，最终形成一个可在计算机上具体执行的目标程序。目前流行的高级语言大都采用编译方法，如 FORTRAN、C 等。

【真题解析】

（1）用高级程序设计语言编写的程序（　　）。

（A）计算机能直接执行　　　　　　（B）具有良好的可读性和可移植性

（C）执行效率高但可读性差　　　　　（D）依赖于具体机器，可移植性差

解析：用高级程序设计语言编写的程序不能被计算机直接识别和运行，要经过翻译将其转变为等价的机器语言程序（称为目标程序），所以其执行效率不高。高级程序设计语言接近人类的自然语言，而且不依赖具体的计算机，所以具有良好的可读性和可移植性。

答案：B

（2）下列叙述中，正确的是（　　）。

（A）用高级语言编写的程序的可移植性差

（B）机器语言就是汇编语言，无非是名称不同而已

（C）指令是由一串二进制数 0、1 组成的

（D）用机器语言编写的程序可读性好

解析：机器语言是直接能被计算机运行的二进制代码，即机器对应的指令系统，因为是 0、1 代码，所以可读性很差。汇编语言采用助记符辅助编程，计算机不能直接识别和运行，必须经过汇编过程转化为机器语言后才可以。

答案：C

（3）下列说法中，正确的是（　　）。

（A）只要将高级程序语言编写的源程序文件（如 try.c）的扩展名更改为.exe，则它就成为可执行文件了

（B）当代高级的计算机可以直接执行用高级程序语言编写的程序

（C）用高级程序语言编写的源程序经过编译和链接后成为可执行程序

（D）用高级程序语言编写的程序可移植性和可读性都很差

解析：选项 A 中扩展名的改变并不能改变文件的内容，源文件 try.c 必须经过编译和链接后自动生成 EXE 文件才可以。选项 B 中计算机无论多高级也只能直接识别和运行机器语言，其他语言编写的程序必须经过编译。选项 D 中高级程序语言接近人的自然语言，可读性好；又因为高级语言编写的程序不像机器语言和汇编程序依赖具体的机器，所以可移植性好。

答案：C

（4）在计算机上运行高级语言就必须配备程序语言翻译程序。对高级语言来说，翻译的方法有两种，分别是（　　）。

（A）汇编和解释　　　（B）编辑和连接　　（C）编译和连接装配　　（D）解释和编译

解析：高级语言源程序翻译的方法有两种，即编译和解释。编译方法是将源程序整个编译成目标程序，然后通过链接程序生成可执行文件，编译产生目标文件（扩展名为.obj 的文件），链接产生可执行文件（EXE 文件）。解释方法是将源程序逐句翻译，翻译一句执行一句，边翻译边执行，不产生目标程序，由计算机执行解释程序并自动完成。

答案： D

（5）能将高级语言源程序转换成目标程序的是（　　　）。

　　（A）编译程序　　　　（B）解释程序　　　（C）调试程序　　　　（D）编辑程序

解析： 能将高级语言源程序转换成目标程序的是编译程序，解释程序不产生目标程序。

答案： A

全真试题练习

1．组成一个计算机系统的两大部分是（　　　）。

　　（A）系统软件和应用软件　　　　　　　（B）主机和外部设备

　　（C）硬件系统和软件系统　　　　　　　（D）主机和输入/输出设备

2．下列关于软件的叙述中，错误的是（　　　）。

　　（A）计算机软件系统由程序和相应的文档资料组成

　　（B）Windows 操作系统是系统软件

　　（C）Word 2003 是应用软件

　　（D）软件具有知识产权，不可以随便复制使用

3．《计算机软件保护条例》中计算机软件是指（　　　）。

　　（A）源程序　　　　　　　　　　　　　（B）目标程序

　　（C）编译程序　　　　　　　　　　　　（D）计算机配置的各种程序及其相关文档

4．一个完整的计算机软件应包含（　　　）。

　　（A）系统软件和应用软件　　　　　　　（B）编辑软件和应用软件

　　（C）数据库软件和工具软件　　　　　　（D）程序、相应数据和文档

5．在下列软件中，（1）WPS Office；（2）Windows XP；（3）财务管理软件；（4）UNIX；（5）学籍管理软件；（6）MS-DOS；（7）Linux；属于系统软件的有（　　　）。

　　（A）（1），（2），（3）　　　　　　　（B）（1），（3），（5）

　　（C）（1），（3），（5），（7）　　　　（D）（2），（4），（6），（7）

6．某工厂的仓库管理软件属于（　　　）。

　　（A）应用软件　　　　（B）系统软件　　　（C）工具软件　　　　　（D）字处理软件

7．下列有关软件的描述中，说法不正确的是（　　　）。

　　（A）软件就是为方便使用计算机和提高使用效率而组织的程序以及有关文档

　　（B）所谓"裸机"，其实就是没有安装软件的计算机

　　（C）Sybase、FoxPro、Oracle 属于数据库管理系统，从某种意义上讲也是编程语言

　　（D）通常，软件安装得越多，计算机的性能就越先进

8．下列有关计算机软件说法错误的是（　　　）。

　　（A）操作系统的种类繁多，按照其功能和特性可分为批处理操作系统、分时操作系统和实时操作系统等；按照同时管理用户数的多少分为单用户操作系统和多用户操作系统

　　（B）操作系统提供了一个软件运行的环境，是最重要的系统软件

　　（C）Microsoft Office 软件是 Windows 环境下的办公软件，但它并不能用于其他操作系统环境

（D）操作系统的功能主要是管理，即管理计算机的所有软件资源，硬件资源不归操作系统管理

9. 操作系统是计算机系统中（　　　）。

（A）系统软件中的核心　　　　　　　（B）使用广泛的应用软件

（C）外部设备　　　　　　　　　　　（D）硬件系统

10. 操作系统的主要功能是（　　　）。

（A）对用户的数据文件进行管理，为用户提供管理文件方便

（B）对计算机的所有资源进行统一控制和管理，为用户使用计算机提供方便

（C）对源程序进行编译和运行

（D）对汇编语言程序进行翻译

11. 操作系统管理用户数据的单位是（　　　）。

（A）扇区　　　　　　（B）文件　　　　　　（C）磁道　　　　　　（D）文件夹

12. 下列叙述中，对计算机操作系统的作用进行完整描述的是（　　　）。

（A）它是用户与计算机的界面

（B）它对用户存储的文件进行管理，方便用户

（C）它执行用户键入的各类命令

（D）它管理计算机系统的全部软、硬件资源，合理组织计算机的工作流程，以达到充分发挥计算机资源的效率，为用户提供使用计算机的友好界面

13. 计算机操作系统通常具有的五大功能是（　　　）。

（A）CPU 管理、显示器原理、键盘管理、打印机管理和鼠标器管理

（B）硬盘管理、软盘驱动器管理、CPU 管理、显示器管理和键盘管理

（C）CPU 管理、存储管理、文件管理、设备管理和作业管理

（D）启动、打印、显示、文件存取和关机

14. 在各类计算机操作系统中，分时系统是一种（　　　）。

（A）单用户批处理操作系统　　　　　（B）多用户批处理操作系统

（C）单用户交互式操作系统　　　　　（D）多用户交互式操作系统

15. 微型机的 DOS 系统属于哪一类操作系统？（　　　）。

（A）单用户操作系统　　（B）分时操作系统　　（C）批处理操作系统　　（D）实时操作系统

16. 以下关于机器语言的描述中，不正确的是（　　　）。

（A）每种型号的计算机都有自己的指令系统，就是机器语言

（B）机器语言是唯一能被计算机识别的语言

（C）机器语言可读性强，容易记忆

（D）机器语言和其他语言相比，执行效率高

17. （　　　）是一种符号化的机器语言。

（A）C 语言　　　　　（B）汇编语言　　　　　（C）机器语言　　　　　（D）计算机语言

18. 下列叙述中，正确的是（　　　）。

（A）高级程序设计语言的编译系统属于应用软件

（B）高速缓冲存储器一般用 SRAM 来实现

（C）CPU 可以直接存取硬盘中的数据

（D）存储在 ROM 中的信息断电后会全部丢失

19. 高级语言编写的源程序转换为可执行程序（扩展名为.exe）要经过的过程叫（   ）。

　　（A）汇编和解释　　　　（B）编辑和链接　　　　（C）编译和链接　　　　（D）解释和编译

20. 下列关于解释程序和编译程序的描述中，正确的是（   ）。

　　（A）编译程序不能产生目标程序，而解释程序能

　　（B）编译程序和解释程序均不能产生目标程序

　　（C）编译程序能产生目标程序，而解释程序不能

　　（D）编译程序和解释程序均能产生目标程序

21. 把用高级程序设计语言编写的源程序翻译成目标程序（扩展名为.obj）的程序称为（   ）。

　　（A）汇编程序　　　　（B）编辑程序　　　　（C）编译程序　　　　（D）解释程序

22. 为了提高软件开发效率，开发软件时应尽量采用（   ）。

　　（A）汇编语言　　　　（B）机器语言　　　　（C）指令系统　　　　（D）高级语言

23. 用高级程序设计语言编写的程序（   ）。

　　（A）计算机能直接执行　　　　　　　　（B）具有良好的可读性和可移植性

　　（C）执行效率高但可读性差　　　　　　（D）依赖于具体机器，可移植性差

24. 下列各类计算机程序语言中，不属于高级程序设计语言的是（   ）。

　　（A）Visual Basic　　　（B）FORTAN 语言　　　（C）Pascal 语言　　　（D）汇编语言

25. 下列叙述中，正确的是（   ）。

　　（A）高级语言编写的程序可移植性差

　　（B）机器语言就是汇编语言，无非是名称不同而已

　　（C）指令是由一串二进制数 0、1 组成的

　　（D）用机器语言编写的程序可读性好

26. 下列叙述中，正确的是（   ）。

　　（A）计算机能直接识别并执行用高级语言编写的程序

　　（B）用机器语言编写的程序可读性最差

　　（C）机器语言就是汇编语言

　　（D）高级语言的编译系统是应用程序

27. 用高级程序设计语言编写的程序（   ）。

　　（A）计算机能直接执行　　　　　　　　（B）可读性和可移植性好

　　（C）可读性差但执行效率高　　　　　　（D）依赖于具体机器，不可移植

28. 下列叙述中，正确的是（   ）。

　　（A）把数据从硬盘上传送到内存的操作称为输出

　　（B）WPS Office 2003 是一个国产的系统软件

　　（C）扫描仪属于输出设备

　　（D）将高级语言编写的源程序转换成为机器语言程序的程序叫编译程序

29. 下面四条常用术语的叙述中，有错误的是（   ）。

　　（A）光标是显示屏上指示位置的标志

　　（B）汇编语言是一种面向机器的低级程序设计语言，用汇编语言编写的程序计算机能直接执行

　　（C）总线是计算机系统中各部件之间传输信息的公共通路

　　（D）读写磁头是既能从磁表面存储器读出信息又能把信息写入磁表面存储器的装置

第8章

因特网基础与简单应用

大纲要求

1. 了解计算机网络的概念，掌握计算机网络的分类。

2. 熟悉因特网的相关基础知识，掌握 TCP/IP 的概念，掌握 IP 地址的划分和接入因特网的方式。

3. 使用简单的因特网应用：浏览器（IE）的使用、浏览和保存网页。

8.1 计算机网络概述

8.1.1 计算机网络概念

常见考点：1. 计算机网络的定义；2. 计算机网络的主要功能（数据传输、资源共享和分布式处理）。

1. 什么是计算机网络

计算机网络是计算机技术与通信技术高度发展、紧密结合的产物。对计算机网络的定义有很多种，当前较普遍的定义为"以能够相互共享资源的方式互连起来的自治计算机系统的集合"，即分布在不同地理位置上的具有独立功能的多个计算机系统，通过通信设备和通信线路互相连接起来，实现数据传输和资源共享的系统。

计算机网络的定义重点把握以下两点。

（1）计算机网络提供资源共享的功能。

（2）组成计算机网络的计算机设备是分布在不同地理位置的独立的"自治计算机"。

计算机网络的发展过程分为以下 4 个阶段。

- 具有通信能力的单机-终端系统阶段。
- 具有通信能力的多机系统即分组交换阶段。
- ISO/OSI 标准化网络阶段。
- 互联网阶段。

2. 计算机网络的主要功能

计算机网络具有数据传输、资源共享、分布式处理、集中管理等功能。其中最重要的是数据传输、资源共享和分布式处理。

（1）数据传输（快速通信）：是计算机网络最基本的功能之一。计算机网络为分布在不同地点的计算机用户提供快速传送数据信息的服务，实现计算机和用户之间的相互通信和交流。网络上不同的计算机之间可以传送数据、交换信息，如文字、声音、图形、图像和视频等。

（2）资源共享：是计算机网络的重要功能。计算机资源包括硬件资源、软件资源和数据资源等。硬件资源包括各种处理器、存储设备、输入/输出设备，如打印机、扫描仪等。软件资源包括操作系统、应用软件和驱动程序等。数据资源包括各种资料。因为有些资源并非所有用户都能独立拥有，所以网络上的计算机除了需要使用自身的资源外，还需要共享网络上的其他资源。

（3）分布式处理：一项复杂的任务可以划分成许多部分，由网上的计算机分别承担其中的一个部分，共同运作和完成，以提高整个系统的效率。

3．计算机网络的组成

从系统功能的角度看，计算机网络主要由以下两部分组成。

（1）资源子网：其主要功能是收集、存储和处理信息，为用户提供网络服务和资源共享等服务。

（2）通信子网：其主要任务是连接网上的各种计算机，完成数据的传输、交换和通信处理。

【真题解析】

（1）计算机网络突出的优点是（　　）。

    （A）提高可靠性　　　　　　　　　（B）提高计算机的存储容量

    （C）运算速度快　　　　　　　　　（D）实现资源共享和快速通信

解析：计算机网络定义为以能够相互共享资源的方式互连起来的自治计算机系统的集合。所以计算机网络最重要的功能即最突出的优点是实现软件、硬件资源的共享和数据的传递。

答案：D

（2）下列有关计算机网络的说法错误的是（　　）。

    （A）组成计算机网络的计算机设备是分布在不同地理位置的多台独立的"自治计算机"

    （B）共享资源包括硬件资源和软件资源以及数据信息

    （C）计算机网络提供资源共享的功能

    （D）计算机网络中，每台计算机核心的基本部件，如 CPU、系统总线、网络接口等都要求存在，但不一定独立

解析：连入计算机网络中的每个终端设备都必须功能上独立，不依赖于网络中的其他设备。计算机网络有两个重要的功能，即快速传输和资源共享。共享的资源包括软件、硬件和数据资源。

答案：D

8.1.2　数据通信

常见考点：1．调制解调的作用；2．数据传输速率的单位和含义（bit/s、kbit/s、Mbit/s、Gbit/s等）；3．误码率的含义。

计算机通信是将一台计算机产生的数据和信息通过通信信道传给其他的计算机的功能，在两个计算机或终端之间以二进制的形式进行信息交换、传输数据。下面介绍与数据通信相关的常用术语。

1．信道

信道是传递信息的通道，是信息传输的媒介。信道的作用是把携带信息的信号从输入端传递到输出端。根据传输媒介的不同，将信道分为有线通道和无线通道两类。常见的有线通道包括双绞线、同轴电缆、光缆等，无线通道有短波、微波、人造卫星、中继站等。

2．数字信号和模拟信号

通信的目的是传输数据，信号是数据的表现形式。两种不同的通信方式对应两种不同的信号形式：数字信号和模拟信号。数字信号是一种离散的脉冲序列，将计算机产生的电信号用两种不同的电平表示为 0 和 1。现在计算机内部处理的信号都是数字信号。模拟信号是一种连续变化的信号，可以用连续的电波表示，如电话线传输的语音信号和传统的广播电视信号。

3．调制与解调

普通电话线是针对语音通话而设计的模拟通道，主要适用于模拟信号的传递。但是计算机中采用的是数字信号。因此要利用电话交换网实现计算机数字脉冲信号的传输，就必须将数字脉冲信号转换成模拟信号。将发送端数字脉冲信号转换成模拟信号的过程称为调制（Modulation），将接收端模拟信号还原成数字脉冲信息的过程称为解调（Demodulation）。将调制和解调两种功能结合在一起的设备称为调制解调器（Modem）。

4．带宽和传输速率

在模拟信道中，以带宽表示信道传输信息的能力。带宽以信号的最高频率和最低频率之差表示，即频率的范围。频率（Frequency）是模拟信号每秒的周期数，通常用 Hz、kHz、MHz 或 GHz 等作为单位。

在数字信道中，用数据传输速率（比特率）表示信道的传输能力，即每秒传输的二进制位数，单位为 bit/s、kbit/s、Mbit/s、Gbit/s 或 Tbit/s。这些单位以 10^3 进位，即 $1Gbit/s=10^3Mbit/s=10^3 \times 10^3kbit/s=10^3 \times 10^3 \times 10^3bit/s=10^9bit/s$。

有关研究证明，通信的最大传输速率与信道宽度之间存在着明确的关系，人们经常用带宽来表示信道的数据传输速率。带宽是指信道的最高数据传输速率。带宽和数据传输速率是通信系统的主要技术指标之一。

5．误码率

误码率是指二进制位在数据传输系统中出错的概率，是衡量通信系统可靠性的指标。在计算机网络系统中，一般要求误码率低于百万分之一。

【真题解析】

（1）下列指标中，数据通信系统的主要技术指标之一是（　　）。

　　（A）误码率　　　　（B）重码率　　　　（C）分辨率　　　　（D）频率

解析：误码率用以衡量通信系统的可靠性，是数据通信系统的技术指标。

答案：A

（2）数据传输速率的单位是（　　）。

　　（A）位/秒　　　　　（B）字长/秒　　　　（C）帧/秒　　　　　（D）米/秒

解析：网络速度使用数据传输速率来衡量，即每秒钟能够传输的二进制位数，单位为位/秒，英文缩写为 bit/s。

答案：A

8.1.3　计算机网络的分类

常见考点：1. 局域网、广域网、城域网的划分依据、英文缩写以及含义；2. 星形、环形、总线型三种拓扑结构的特点。

计算机网络的分类方法有很多，常见的是以下两种。

1. 按照网络覆盖的地理范围划分

可分为局域网、广域网、城域网。

（1）局域网（Local Area Network，LAN）：是在有限区域内使用的网络，其传送距离一般在几公里之内，适合于一个部门或单位组建。局域网具有数据传输速率高（10Mbit/s～10Gbit/s）、误码率低、成本低、容易组网、易管理和使用灵活等特点。

（2）广域网（Wide Area Network，WAN）：又称远程网，是一种长距离的数据通信网络，实现了更大范围的资源共享。广域网所覆盖的范围要比局域网大得多，可以覆盖一个国家、地区，甚至横跨几个洲，形成国际性的远程计算机网络。由于传输距离远，所以速率比较低，一般在96kbit/s～45Mbit/s，而且广域网的数据通信要比局域网复杂、成本高。

（3）城域网（Metropolitan Area Network，MAN）：也称为都市网，是介于广域网和局域网之间的一种高速网络，其范围一般局限在一座城市内，从几公里到几十公里不等。目的是实现多个局域网互连的需求，以实现大量用户之间的信息传输。

2. 按照网络的拓扑结构划分

按照网络的拓扑结构划分，将网络主要分为星形、环形和总线型。另外，还有树形拓扑、网状拓扑等结构类形。

（1）星形拓扑：在星形拓扑结构中，每个节点与中心节点相连，中心节点控制全网的通信，任何两个节点之间的通信都要通过中心节点。它的特点是结构简单、易于实现和管理，但是一旦中心节点出现故障，则全网瘫痪，故其可靠性差。

（2）环形拓扑：在环形拓扑结构中，各个节点通过中继器连接到一个闭合的环路上，环中的数据沿着一个方向传输，由目的节点接收。环形拓扑结构简单、成本较低，但是环中任何一个节点的故障都可能造成网络瘫痪，这成为环形拓扑可靠性的瓶颈。

（3）总线型拓扑：在总线型拓扑结构中，网络中各个节点由一根总线相连，数据在总线上由一个节点传向另一个节点。总线型拓扑的特点是结构简单、节点加入和退出网络非常方便，总线上某一个节点出现故障不会影响其他节点之间的通信，不会造成网络瘫痪，其可靠性较高。

【真题解析】

（1）计算机网络分为局域网、广域网和城域网，其划分的依据是（　　）。

　　（A）数据传输所使用的介质　　　　（B）网络覆盖的地理范围

　　（C）网络的控制方式　　　　　　　（D）网络的拓扑结构

解析：计算机网络的分类方式繁多，按其网络覆盖的地理范围划分，可分为局域网、广域网和城域网。按其拓扑结构划分可分为环形、星形和总线型等。

答案：B

（2）下列不属于网络拓扑结构的是（　　）。

　　（A）星形　　　（B）环形　　　（C）总线型　　　（D）分支

解析：按其拓扑结构划分，计算机网络可分为环形、星形和总线型等。在本题的 4 个选项中分支不属于网络拓扑结构。

答案：D

（3）计算机网络分为局域网、城域网和广域网，下列属于局域网的是（　　）。

(A) ChinaDDN 网　　　　　　　　(B) Novell 网

(C) Chinanet 网　　　　　　　　(D) Internet

解析： ChinaDDN 是中国公用数字数据网。Chinanet 是邮电部门经营管理的基于 Internet 网络技术发展的中国公用计算机互联网，是国际计算机互联网（Internet）的一部分，是中国的 Internet 骨干网。Internet 很显然是广域网。Novell 网是局域网的一种，是局部小范围使用的，由 Novell 公司研发。

答案： B

（4）在计算机网络中，英文缩写 WAN 的中文名是（　　）。

(A) 局域网　　　　(B) 无线网　　　　(C) 广域网　　　　(D) 城域网

解析： 依照网络覆盖的地理范围分类，分为局域网、广域网和城域网。所以 WAN 是广域网的缩写。

答案： C

（5）下列选项关于计算机网络错误的是（　　）。

(A) 星形网络增加工作站容易，一旦主控机出现故障整个网络将会瘫痪

(B) 环形网络成本低，其中任意一台计算机出现故障整个网络都会瘫痪

(C) 总线网络可靠性高，连接简单，成本低，是目前局域网中普遍采用的形式

(D) 计算机网络系统一般指计算机的硬件组成系统

解析： 计算机网络系统一般由计算机软件和硬件系统组成。硬件系统主要由通信设备和网络互联设备组成。软件系统由通信协议、网络操作系统和网络应用软件等组成。

答案： D

8.1.4　硬件设备和网络软件

常见考点： 1. 连接局域网需要的设备；2. 路由器的作用；3. 调制解调器的工作过程和作用。

计算机网络系统由硬件设备和网络软件两部分组成。

1. 硬件设备

（1）传输介质。

传输介质是网络中数据传输的通道。传输介质分为两种：有线介质和无线介质。局域网中常见的传输介质有双绞线、同轴电缆和光缆，其性能由低到高，价格由廉到贵。

（2）网络接口卡。

网络接口卡即网卡，是构成局域网必须的基本设备，用于将计算机和通信电缆连接在一起，以便经电缆在计算机之间进行速数据传输。网卡由全球唯一的物理地址即 MAC 地址标识，MAC 地址由 6 个字节共 48 位二进制位确定。网卡负责执行网络协议、实现物理层信号的转换等任务。

（3）集线器（HUB）。

HUB 是局域网的基本连接设备。集线器的主要作用是对接收到的信号进行再生整形放大，以扩大网络的传输距离，同时把所有节点集中在以它为中心的节点上。

（4）交换机（Switch）。

交换机支持端口连接的节点之间的多个并发连接，从而增加网络带宽。交换机主要用来组建局域网和实现局域网的互连。

（5）无线 AP（Access Point）。

无线 AP 也称无线访问点或无线桥接器，即当作传统的有限局域网与无线局域网之间的桥梁。通过无线 AP，任何一台有无线网卡的主机都可以去连接有线局域网。

（6）中继器。

信号在网络传输介质中有衰减和噪声，会使有用的数据信号变得越来越弱，为了保证数据的完整性，在一定范围内传送时，用中继器把所接收到的弱信号分离，并将其再生放大以保持与原数据相同。

（7）路由器（Router）。

路由器是实现局域网与广域网互连的主要设备，用于检测数据的目的地址、对路径进行动态分配、更新路由表、根据不同的地址将数据分流到不同的路径中。如果存在多条路径，则路由器会根据路径的工作状态和忙闲情况，选择一条合适的路径，以平衡负载。

2. 网络软件

网络软件主要包括网络操作系统、网络协议以及网络应用软件等。

（1）网络操作系统。

常用的网络操作系统有下面几种。

Windows Server 版网络操作系统、UNIX 操作系统、Linux 操作系统、NetWare 操作系统。

（2）网络协议。

协议是通信双方为了实现通信而定制的对话规则。常遇到的协议有 OSI/RM 参考模型、TCP/IP、IPX/SPX 以及 NetBEUI。使用最为广泛的是 TCP/IP，是一个协议族，包含多个协议。

（3）网络应用软件。

网络应用软件包含的种类很多，如浏览器、下载工具、搜索引擎等。

【 真题解析 】

（1）在下列网络的传输介质中，抗干扰能力最好的是（　　）。

（A）光缆　　　（B）同轴电缆　　　（C）双绞线　　　（D）电话线

解析：在本题的四个选项中，抗干扰性最好的是光缆。

答案：A

（2）调制解调器（Modem）的主要技术指标是数据传输速率，它的度量单位是（　　）。

（A）MIPS　　　（B）Mbit/s　　　（C）dpi　　　（D）kbit/s

解析：调制解调器的理想速率为 56kbit/s，速率较低，实际使用时比 56 还小很多。

答案：D

（3）为网络数据交换而制定的规则、约定和标准称为（　　）。

（A）协议　　　（B）体系结构　　　（C）网络拓扑　　　（D）参考模型

解析：协议就是为网络数据交换而制定的规则、约定和标准。网络体系结构是通信系统的整体设计，是层次结构、各层协议和相邻层接口协议的集合。将各层及它们之间的关系以模型化表示的结果称为参考模型。

答案：A

（4）若要将计算机与局域网相连，则需要增加硬件（　　）。

（A）集线器　　　（B）网关　　　（C）网卡　　　（D）路由器

解析：若要将计算机与局域网相连，则需一块网卡的一端连接着计算机，另一端通过网线连接着局域网的通信设备。

答案：C

8.2 因特网基础

8.2.1 因特网概述

常见考点：1. 因特网的发展过程；2. 因特网的特点。

1. 因特网发展

因特网是通过路由器将世界上不同地区、不同规模、不同类型的网络互相连接起来的网络，是一个全球性的计算机互连网络，是最大的广域网。因特网英文名为 Internet，也称国际互联网，它的前身是 ARPANET。

1969 年美国国防部高级研究计划局（ARPA）提出并赞助了 ARPANET 网络计划，后来，TCP/IP 的提出为 Internet 的发展奠定了基础。1984 年美国国家科学基金会 NSF 投资支持 Internet 和 TCP/IP 的发展，组建了 NSFNET。1990 年美国高级网络和服务公司 ANS 组建了广域网 ANSNET，成为 Internet 的主干。

我国于 1994 年 4 月正式接入因特网，到 1996 年初，中国的 Internet 已形成了具有 4 大国际出口的网络体系，分别是：

- 中国科技网（CSTNET）；
- 中国教育和科研计算机网（CERNET）；
- 中国公用计算机互联网（CHINANET）；
- 中国金桥信息网（CHINAGBN）。

2. 因特网的主要特点

（1）数据传输采用分组交换技术。分组交换也称为包交换。节点计算机把需要传输的数据划分为若干小块，为每小块数据附上地址、编号等有关信息就组成了一个"包"（Packet），也称为"分组"，然后以包为单位进行传输。

（2）因特网使用全球公用的 TCP/IP 通信协议。

（3）因特网通过路由器将各个网络互连起来。路由器用于连接异构网络，是连接因特网的一种重要设备。

（4）因特网上的每一台计算机都必须给定一个唯一的 IP 地址。

【真题解析】

（1）Internet 在中国被称为因特网或（　　　）。

　　（A）网中网　　　　　（B）国际互联网　　（C）国际联网　　　　（D）计算机网络系统

解析：Internet 音译为因特网，或称为国际互联网。它是各种类型的网络互连起来的国际网，是目前世界上规模最大、范围最广的计算机网络。

答案：B

（2）Internet 是一个覆盖全球的大型互联网络，它是通过（　　）将世界不同地区、不同规模的多个远程网和局域网连接起来的互联网。

　　（A）路由器　　　　　（B）集线器　　　　　（C）网桥　　　　　（D）以太网

解析：Internet 是全球最大的广域网，连接的对象可能是一台计算机、不同的局域网、城域网或广域网。将结构不同的异构网络连接起来的网络互连设备是路由器。

答案：A

（3）因特网属于网络的（　　）。

　　（A）以太网　　　　　（B）城域网　　　　　（C）局域网　　　　　（D）广域网

解析：因特网将全球地理位置不同的成千上万台计算机、大大小小的局域网和广域网通过不同的方式连接在一起，它是全球最大的广域网。

答案：D

8.2.2　连接因特网的相关技术

常见考点：1．协议的概念；2．TCP/IP 的作用及名称；3．TCP/IP 的层次划分；4．IP 地址的概念和划分；5．域名的概念及作用（尤其要掌握子域名标准代码的意义）；6．C/S 工作模式的过程。

1．TCP/IP

TCP/IP 是用于计算机通信的一组协议，而 TCP 和 IP 是众多协议中最重要的两个核心协议。TCP/IP 由网络接口层、网络互连层、传输层和应用层四个层次组成，如图 8-1 所示。其中，网络接口层是最底层，面向硬件，包括各种硬件协议；应用层面向用户，提供一组常用的应用程序，如电子邮件、文件传送等。

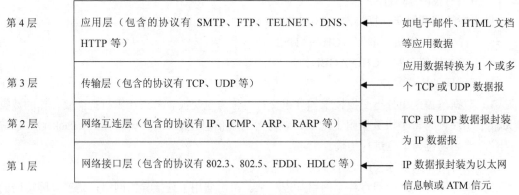

图 8-1　TCP/IP 的分层结构图及相关数据信息

TCP/IP 协议将计算机网络划分为以下四个层次。

① 物理层：也叫网络接口与硬件层。它规定了怎样与各种不同的物理网络进行接口，并负责把 IP 包转换成适合在特定物理网络中传输的帧格式。

② 网络互连层：确定数据报从源端到目的端如何选择路由。主要协议有 IPv4、IPv6 和 ICMP 等。

③ 传输层：为两台主机间的进程提供端到端的通信。主要协议有 TCP（传输控制协议）和 UDP（用户数据报协议）。

④ 应用层：负责处理特定的应用程序数据，主要协议有 HTTP（超文本传输协议）、Telnet

（远程登录）、FTP（文件传输协议）等。

TCP/IP 是一组协议簇，采用了最为重要的 TCP 和 IP 命名。

（1）传输控制协议（Transmission Control Protocol，TCP）。

TCP 位于传输层，主要向应用层提供面向连接的服务，确保网络上所发送的数据报可以完整地接收，一旦数据报丢失或损坏，则由 TCP 负责将被丢失或损坏的数据报重新发送一次，以实现数据的可靠性传输。与 TCP 协议形成对比的是 UDP 不可靠传输协议。

（2）网络互连协议（Internet Protocol，IP）。

IP 位于网络互连层，主要作用是将不同类型的物理网络互连在一起。为了达到这个目的，需要将不同格式的物理地址统一转换为 IP 地址，将不同格式的帧转换为"IP 数据报"，从而屏蔽下层物理网络的差异，再向 TCP 所在的传输层提供 IP 数据报。IP 的另一个作用是数据报的路由选择。

2．IP 地址和域名服务

（1）IP 地址。

在由许多网络互连而成的庞大的计算机网络中，为了实现计算机相互通信，必须为每一台计算机分配一个唯一的 IP 地址。在网络上发送的每个 IP 包中，都必须包含发送方主机（源）的 IP 地址和接收方主机（目的）的 IP 地址。

IP 协议主要有 IPv4 和 IPv6 两个版本。IPv4 版本对应的 IP 地址为 4 个字节 32 位二进制数。为便于管理，将每个 IP 地址分为四段，一个字节对应一段，用三个"."隔开的 4 个十进制数表示。由此可见，每个十进制整数的范围都是 0～255。一台主机的 IP 地址由网络号和主机号两部分组成，其中网络号用于标识主机所在的网络。

为了便于管理，IP 地址被分为不同的类别且每个地址有不同范围和适用主机数量，如表 8-1 所示。

表 8-1　　　　A 类、B 类、C 类 IP 地址的范围、例子和适用的主机数量

地 址 类 别	范　　围	例　　子	适用网络的主机数量（台）
A 类	1～126	17.0.0.8	大型网，≤16 777 214
B 类	128～191	138.4.5.221	中型网，≤65 534
C 类	192～223	192.168.18.199	小型网，≤254

另外，还有两个特殊的 IP 地址不能分配给任何主机使用，即网络地址和广播地址。

网络地址：主机地址全部为"0"，表示本地网络。用来表示整个物理网络。它指的是物理网络本身而不是连到该网络上的计算机。如 172.17.0.0 表示 172.17 这个 B 类网络，192.168.1.0 表示 192.168.1 这个 C 类网络。

广播地址：主机地址的二进制数全为"1"称为直接广播地址，或广播地址，用于标识网络上所有的主机。当一个数据包的目的地址是广播地址时，这个包将送达该网络上的每一台主机。如 192.168.1 是一个 C 类网络地址，广播地址是 192.168.1.255，因为主机号为 255，转化为 8 位二进制数 11111111，即主机地址全是 1。

还有一个特殊的 IP 地址，即回送地址。以 127 开始的 IP 地址作为一个保留地址，如 127.0.0.1，该地址用于网络软件测试以及本地主机进程间通信，ping 127.0.0.1 命令常用于检验本主机是否安装网络协议软件。

由于因特网的节点增加过快，因此 IP 地址不够使用，为了解决 IPv4 协议面临的各种问题，IPv6 协议诞生。IPv6 地址用 128 位二进制数表示，其地址空间是 IPv4 的 2^{96} 倍。

（2）域名和 DNS。

域名（Domain Name）的实质是用一组由字符组成的名字代替 IP 地址。为了避免重名，域名采用层次结构，各层次的子域名之间用 "." 隔开，从右至左分别是第一级域名（或称顶级域名）、第二级域名、……直至主机名。

域名的使用规则如下。

① 域名使用的符号可以是字母、数字和连字符，但域名的开头和结尾必须是字母或数字。

② 整个域名的总长不得超过 255 个字符。

③ 域名中字母不区分大小写，即认为大、小写字母相同。

④ 子域的个数不得超过 5 个，子域之间用 "." 隔开。

⑤ 域名中最左边的子域名通常代表其计算机名，中间各子域名代表相应层次的区域，顶级域名是标准化的代码。

国际上，顶级域名采用通用的标准代码，分为机构组织和地理模式两种，如表 8-2 和表 8-3 所示。

表 8-2　　　　　　　　　　　　　顶级域名的代表的机构组织

域 名 代 码	机 构 组 织	域 名 代 码	机 构 组 织
GOV	政府部门	<Country Code>	国家代码
ORG	各种非营利性组织	FIRM	商业公司
NET	网络支持中心	STORE	商品销售企业
COM	商业组织	WEB	与 www 相关的单位
EDU	教育机构	ARTS	文化和娱乐单位
MIL	军事部门	INFO	提供信息的服务单位
INT	国际组织	REC	消遣和娱乐单位
ARPA	临时（未用）	NOM	个人

表 8-3　　　　　　　　　　　　　顶级域名代表的国家或地区

域 名 代 码	代表的国家或地区	域 名 代 码	代表的国家或地区
CN	中国	CA	加拿大
RU	俄罗斯	FR	法国
JP	日本	DE	德国
KR	韩国	HK	中国香港地区
UK	英国	TW	中国台湾地区

因特网起源于美国，美国通常不使用国家代码作为顶级域名，其他国家一般采用国家代码作为顶级域名。

域名和 IP 地址都是表示主机的地址，是一个事物的不同表示。域名和 IP 地址的映射由域名解析服务器 DNS（Domain Name Server）来完成。

DNS 域名解析的大致过程：用域名访问网络上某个资源地址时，用户将需要转换的域名放在一个 DNS 请求信息中，并将这个请求信息发送给 DNS 服务器；DNS 服务器从请求中取出域名，将它转换为对应的 IP 地址，然后在一个应答信息中将结果地址返回给用户。

3. 因特网的网络工作模式

网络应用中，计算机扮演不同的角色。从共享资源的角度看，提供共享资源（如数据文件、磁盘空间、打印机等）的计算机称为"服务器"，使用那个服务器资源的计算机是工作站，即客户机。每一台联网的计算机，可以是客户机，或是服务器，或两种身份兼而有之。因特网的网络工作模式主要有两种：客户/服务器（C/S）模式和对等（peer-to-peer）模式。

（1）客户/服务器（C/S）模式。

C/S 模式的特点是网络中每一台计算机都扮演着固定的角色，要么是服务器，要么是客户机，其工作过程是客户机向服务器发出服务请求，服务器响应客户机的请求并提供客户机所需要的网络服务。大多数因特网应用都是 C/S 模式结构。

因特网中常见的 C/S 模式结构的应用有 TELNET 远程登录、FTP 文件传输、HTTP 超文本传输服务、电子邮件服务等。

（2）对等（peer-to-peer，P2P）模式。

对等模式的特点是网络中的每台计算机既可以作为工作站，也可以作为服务器。这是构建局域网中常见的一种模式，如 Windows 操作系统中的"网上邻居"。近些年来对等工作模式在因特网上盛行，如常用的 BT 下载、迅雷下载、电驴下载、QQ 聊天工具等都是 P2P 工作模式。

【真题解析】

（1）下列各项中，非法的 Internet 的 IP 地址是（   ）。

（A）202.96.12.14　　　　　　　　（B）202.196.72.140

（C）112.256.23.8　　　　　　　　（D）201.124.38.79

解析：IP 地址是由 32 位二进制数组成，为了书写方便，把 32 位二进制数分成 4 个部分，每个部分由 8 位二进制数组成，采用十进制整数表示，所以数的范围为 $0\sim2^8-1=255$，即最大的数值为 255。选项 C 中出现了 256 非法数值。

答案：C

（2）Internet 实现了分布在世界各地的各类网络的互连，其基础和核心的协议是（   ）。

（A）HTTP　　　（B）TCP/IP　　　　　（C）HTML　　　（D）FTP

解析：Internet 网存在很多协议，如 HTTP、TELNET、FTP、STMP 等，但是最基础和核心的协议是 TCP/IP。

答案：B

（3）以下说法中，正确的是（   ）。

（A）域名服务器中存放 Internet 主机的 IP 地址

（B）域名服务器中存放 Internet 主机的域名

（C）域名服务器中存放 Internet 主机域名与 IP 地址的对照表

（D）域名服务器中存放 Internet 主机的电子邮箱的地址

解析：域名服务器主要存放 Internet 主机的域名与 IP 地址的对照表，这样人们上网时不必记住不容易记住的 IP 地址，而只需要记住容易记住的网站域名即可。

答案：C

（4）接入 Internet 的每一台主机都有一个唯一的可识别地址，称作（　　）。

　　（A）URL　　　　（B）TCP 地址　　　（C）IP 地址　　　　　（D）域名

解析：为了信息能准确传送到网络指定站点，像每一个人都有一个唯一的身份证一样，各站点的主机（包括路由器）也必须有一个唯一的可识别的地址，称为 IP 地址。

答案：C

（5）TCP/IP 的含义是（　　）。

　　（A）局域网传输协议　　　　　　（B）拨号入网传输协议

　　（C）传输控制协议和网际协议　　（D）OSI 协议集

解析：TCP/IP 是传输控制协议和网际协议，该协议广泛应用于因特网，并已经内置于 UNIX、Linux 和 Windows 等操作系统中。

答案：C

（6）下列 4 项内容中，不属于 Internet（因特网）基本功能的是（　　）。

　　（A）电子邮件　　　　　　　　（B）文件传输

　　（C）远程登录　　　　　　　　（D）实时检测控制

解析：因特网提供了丰富的信息服务，其中主要有电子邮件（E-mail）、文件传输（FTP）、信息浏览（WWW）、远程登录（TELNET）等，但不包括实时检测控制。

答案：D

8.2.3　计算机接入因特网的方式

常见考点：1．电话拨号上网的特点和过程；2．ADSL 上网的特点；3．ISP 的含义。

1．接入因特网的方式

PC 机接入因特网的方式通常有 4 种，分别为专线连接、局域网连接、无线连接和电话拨号连接。电话拨号连接对众多的个人用户和小型单位来说是采用得最多的一种接入方式。

（1）普通 Modem 拨号接入方式。

通过家里的电话线，利用本地电话网。由于计算机处理的是数字信号，电话网中传输的是模拟信号，所以必须使用调制解调器。电话拨号的特点是上网和打电话不能同时进行、上网传输速率低、费用高。

（2）非对称数字用户线路。

非对称数字用户线路（ADSL）是曾经流行的电话接入因特网中的主流技术。这种技术的非对称性体现在上行速率低、下行速率快。采用 ADSL 需要使用 ADSL 设备（专用的 ADSL Modem）即可。ADSL 的特点是上网可同时接听和拨打电话、不需要交额外的电话费、速率稍高。

（3）有线电视网接入。

有线电视（Cable TV 或 CATV）系统广泛使用的是光纤同轴电缆混合网。通过有线电视网接入因特网，需要电缆调制解调器（Cable Modem）。

（4）无线接入。

架构无线局域网时需要一台无线 AP，并将该 AP 连接到有线网络中，此时装有无线网卡的计算机或支持 Wi-Fi 功能的手机等设备就可以接入因特网。

（5）通过光纤接入。

光纤是速度最快的接入方式，适用于对带宽要求较高的大型组织的 Internet 接入，其接入技术和成本要求均较高，一般适用于大型企业和高校。

2．互联网服务提供商（Internet Service Provider，ISP）

ISP 负责提供与 Internet 的连接。ISP 是用户接入 Internet 的入口点，它不仅为用户提供 Internet 接入，也为用户提供各类信息服务。通常，个人或企业不直接接入 Internet，而是通过 ISP 接入 Internet。

ISP 一般提供的功能有：分配 IP 地址和网关及 DNS、提供联网软件、提供各种因特网服务和接入服务等。

除了前面已经提到的大型骨干网，如中国公用计算机互联网（CHINAET）、中国教育和科研计算机网（CERNET）、中国科学技术网（CSTNET）、中国金桥信息网（CHINAGBN），还有大批 ISP 提供因特网接入服务，如电信、联通、移动等。

【真题解析】

（1）Modem 是计算机通过电话线接入 Internet 时所必需的硬件，它的功能是（　　）。

（A）只将数字信号转换为模拟信号　　（B）只将模拟信号转换为数字信号

（C）为了在上网的同时能打电话　　（D）将模拟信号和数字信号互相转换

解析：计算机通过电话线上网必须有调制解调器，无论是普通的电话拨号还是利用电话线的 ISDN 或 ADSL。调制解调器的作用是完成数字信号和模拟信号的相互转换。在发送方，将数字信号转换成电话线传输使用的模拟信号；在接收方，将模拟信号转换成计算机能够识别和处理的数字信号。

答案：D

（2）拥有计算机并以拨号方式接入 Internet 网的用户需要使用（　　）。

（A）CD-ROM　　　（B）鼠标　　　（C）软盘　　　（D）Modem

解析：电话拨号上网必要的设备是 Modem，即调制解调器。

答案：D

（3）在因特网技术中，缩写 ISP 的中文全名是（　　）。

（A）因特网服务提供商（Internet Service Provider）

（B）因特网服务产品（Internet Service Product）

（C）因特网服务协议（Internet Service Protocol）

（D）因特网服务程序（Internet Service Program）

解析：ISP 即互联网服务提供商，负责提供与 Internet 的连接。通常，个人或企业不直接接入 Internet，而是通过 ISP 接入 Internet。

答案：A

8.3 因特网应用

常见考点：1．"WWW" 的概念；2．HTTP 和 HTML；3．统一资源定位器 URL 的组成及意义；4．使用 IE 浏览、保存网页、收藏网页。

8.3.1　WWW 网

1．相关概念

（1）万维网。

万维网（World Wide Web，WWW），又称 Web 网、3W 网，是一种建立在因特网上的全球性的、交互性的、动态的、多平台的、超文本超媒体的信息查询系统。

WWW 网站中包含很多网页，称为 Web 页。网页是用超文本标记语言（Hyper. Text Markup Language，HTML）编写的，在超文本传输协议 HTTP（Hyper Text Transmission Protocol）的支持下运行。一个网站的第一个 Web 页称为主页。每一个 Web 页都用一个唯一的地址（URL）来表示。

为了数据传输的安全，万维网在 HTTP 的基础上加入了 SSL，构成了 HTTPS 安全套接字层超文本传输协议。SSL 依靠证书来验证服务器的身份，并为浏览器和服务器之间的通信加密。

（2）超文本和超链接。

超文本中不仅含有文本信息，还包含声音、图形、图像和视频等多媒体信息，最主要的是超文本中还包含着指向其他信息资源的链接，这种链接称为超链接，在网页中的标志是当鼠标指向超链接时鼠标指针变成手型指针，对应的文字改变颜色或加一个下划线，表示此处有一个链接。

（3）URL。

WWW 网用统一资源定位器（Uniform Resource Locator，URL）来描述 Web 页的地址和访问它时所需要的协议。

URL 由三部分组成，表示形式如下。

协议://IP 地址或主机域名[端口号]/文件路径/文件名

① 协议就是信息服务方式，WWW 使用的协议是 HTTP，常见的协议还有 FTP、TELNET 等。

② 主机域名指的是提供此服务的计算机的域名，端口号是指因特网上用于说明使用特定服务的软件标识，用数字表示，如默认情况下，Web 服务器使用的端口号是 80，FTP 使用的端口号为 21 等。

③ /文件路径/文件名指的是网页在服务器中的位置和文件名，在 Web 服务器中如果不明确指出，则以 index.htm 或 default.htm 作为默认的网页名，即该网站的主页。

2．使用 IE 访问页面

Web 浏览器是查找、浏览网页信息的工具，它安装在用户端，是一种客户机软件。Web 浏览器为用户提供了寻找 Internet 上内容丰富、形式多样的信息资源的便捷途径。浏览者通过浏览器访问保存在服务器上的站点。不同类型的浏览器对 HTML 标记的解释是有区别的，结果就导致相同站点的浏览效果并不一致。此外，它还是用户与 WWW 之间的桥梁，把用户对信息的请求转换成网络上计算机能够识别的命令。浏览器有很多种，目前常用的有 Microsoft 的 Internet Explorer（简称 IE），还有很多如傲游（Maxthon）浏览器、QQ 浏览器、火狐浏览器（Mozilla Firefox）、搜狗浏览器、谷歌浏览器（Google Chrome）等。

本书以 Windows 10 系统上的 Internet Explorer 11（IE 11）为例，介绍浏览器的常用功能及操作方法。

（1）启动 IE。

常用方法如下。

- 双击 Windows 桌面上的 IE 图标。

- 单击任务栏中快速启动区的 IE 按钮。

和标准的 Windows 应用程序一样，IE 的界面也包含快速访问栏、标题栏、工具栏、状态栏和滚动条。

在地址栏中，可以直接输入要访问的主页的 URL 地址。

如果要退出 IE，除了单击窗口的【关闭】按钮外，还可以选择【文件】菜单下的【退出】选项，或者从任务管理器中关闭 IE 对应的进程，还可以按下组合组合键【Alt+F4】关闭窗口。

（2）IE 的窗口。

当启动 IE 后，会出现一个窗口，这个窗口呈现一个页面，如图 8-2 所示是百度的主页。

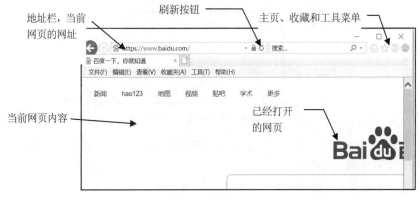

图 8-2　IE 网页窗口

每个打开窗口的上方，显示正在浏览网页的名字，如百度主页的名字是"百度一下，你就知道"。窗口的右上角是 Windows 窗口常用的三个窗口控制按钮，依次为【最小化】、【最大化/还原】、【关闭】。

对于用户来说，地址栏是最重要的。用户可以通过鼠标单击地址下拉列表框，选中已经访问过的历史网页，或直接在地址栏中键入要浏览的 Web 页面的地址，然后按【Enter】键或是单击地址栏后面的"转到"图标，浏览器就会打开与 URL 对应的页面。

（3）设置浏览器的主页。

浏览器的主页是每次用户打开 IE 时最先访问的 Web 页。如果用户对某一个站点的访问特别频繁，可以将这个站点设置为主页。这样，以后每次启动 IE 时，IE 会首先访问用户设定的主页内容，或者在单击工具栏【主页】按钮后立即显示该页。

将常访问的站点设置为主页的方法很简单，在 IE 窗口中，选择【工具】→【Internet 选项】，打开【Internet 选项】对话框中的【常规】选项卡，如图 8-3 所示。在【主页】选项组中输入想设为主页的网址，即可将该 Web 页设置为主页。

如果用户希望在打开 IE 的时候不打开任何一个网页，可以单击【使用空白页】按钮。如果单击了【使用默认值】按钮，那么在 IE 启动的时候，将打开由 Microsoft 公司推荐的网页。

在计算机中安装软件时，由于软件中包含修改主页的插件，因此安装后会自动的修改 IE 的主页。

（4）使用收藏夹。

当用户在网上发现自己喜欢的 Web 页，可将该页添加到"收藏夹"列表中。用户再次对这些站点进行访问时，就不必重新输入网址了。单击右上角【收藏】按钮（五角星），即可打开"收藏夹"列表，在列表中选择要访问的 Web 站点，即可打开该页。

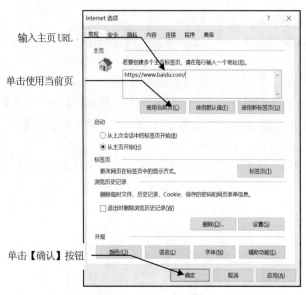

输入主页 URL

单击使用当前页

单击【确认】按钮

图 8-3　Internet 选项窗口

将 Web 页地址添加到收藏夹中的方法很多，常用的有使用【收藏夹】按钮。将当前打开的网页存放到收藏夹中的操作步骤如下。

① 打开要收藏的网页，本例中为"百度"网站的主页。

② 单击右上角工具栏中的【收藏夹】按钮，在 IE 窗口的右侧打开【收藏夹】窗口，如图 8-4 所示。

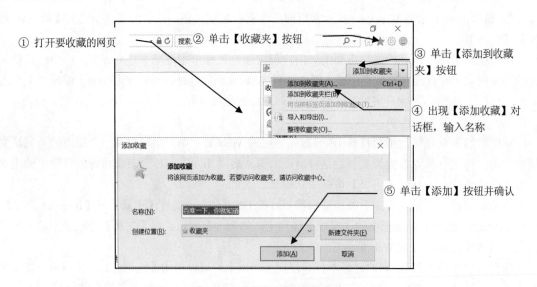

① 打开要收藏的网页　② 单击【收藏夹】按钮

③ 单击【添加到收藏夹】按钮

④ 出现【添加收藏】对话框，输入名称

⑤ 单击【添加】按钮并确认

图 8-4　"收藏夹"对话框的使用

③ 单击【收藏夹】窗口中的【添加】按钮，打开【添加到收藏夹】对话框。单击【创建到】按钮可以展开或收起下面的文件夹。可以单击某个文件夹，选择要保存的位置。

④ 如果要修改保存网页的名字，可以将鼠标定位在【名称】输入框内，输入给定的名字。也可以使用系统给定的名字，如本例默认的名字是"百度一下，你就知道"。

⑤ 单击【确定】按钮，就在收藏夹中添加了一个网页地址。

在收藏夹中可以创建文件夹，如图 8-4 所示。可以看到，收藏夹下可以包含若干个子文件夹，将收藏的页面地址分门别类的组织到各个文件夹中，便于使用。创建文件夹可以通过单击【新建文件夹】按钮，在弹出的【新建文件夹】对话框中，输入新文件夹的名字，单击【确定】即可。此时，在收藏夹下就添加了一个新建的文件夹。

（5）Web 页面的保存。

在浏览过程中，常会遇到一些精彩或有价值的页面需要保存下来，待以后慢慢阅读，或者想将其拷贝到其他存储器中。而且有的因特网接入方式是按上网时间进行计费的（如电话拨号上网），这时更经济的办法是将需要阅读的网页保存到计算机中，这样可以脱机查看网页的内容。

① 保存 Web 页。

保存全部 Web 页的方法如图 8-5 所示。

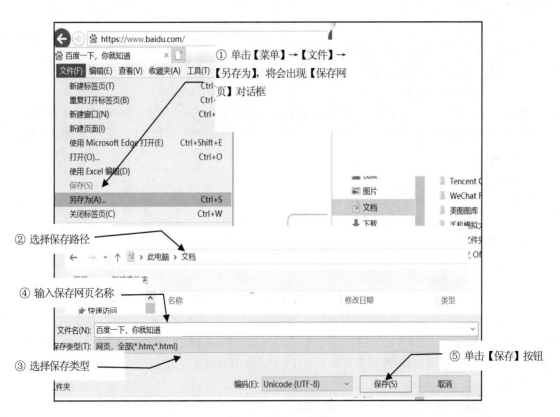

图 8-5　保存 Web 页窗口

通过这种方式保存的是网页上的全部信息。若需要的并不是网页上的所有信息，而是网页上的一部分文字内容，可以选中 Web 页面上部分感兴趣的文本内容并复制下来，将其粘贴存放到其他文件中。

② 保存图片、动画、音频等文件。

Web 网页的内容是非常丰富的，浏览时除了保存文字信息外，还经常会保存一些多媒体信息，如图片、动画、音频，有时还需要保存文件等。

保存图片的方法很简单，常用的方法有两种。

第 1 种方法：在图片上右击选择【复制】，之后到目的地粘贴。

第 2 种方法：在图片上右击选择【图片另存为】，弹出【保存图片】对话框，按照要求完成即可。

因特网上的超链接都指向一个资源，这个资源可以是一个 Web 页面，也可以是声音文件、视频文件、压缩文件、Word 文件等。要下载保存这些资源的方法非常多，常见的是右击链接，在弹出的菜单中选择【目标另存为】，这样就可以下载链接的文件。

提醒：由于网页浏览时在 IE 缓存文件夹中会产生副本，所以长时间的上网会产生巨大的垃圾文件，这些垃圾文件会占用系统盘的存储空间。为了提高系统的运行速度、节约磁盘空间和提高浏览的速度，需要经常清空 IE 缓存中的垃圾文件。实现清理垃圾文件的方法很多，可以通过 Internet 选项清理，也可以通过特有的系统管理软件，如优化大师、360 等管理工具完成垃圾文件的清理。

【真题解析】

一、理论题

（1）Internet 提供的最常用、便捷的通信服务是（　　）。

　　（A）文件传输（FTP）　　　　　　　　（B）远程登录（Telnet）

　　（C）电子邮件（E-mail）　　　　　　　（D）万维网（WWW）

解析：在因特网上浏览信息是因特网最普遍也是最受欢迎的应用之一。WWW 又称万维网，是一种建立在因特网上的全球性的、交互的、动态的、多平台的、分布式的、超文本超媒体的信息查询系统。

答案：D

（2）统一资源定位器 URL 的格式是（　　）。

　　（A）协议://IP 地址或域名/路径/文件名

　　（B）协议://路径/文件名

　　（C）TCP/IP

　　（D）http 协议

解析：WWW 使用统一资源定位器（Uniform Resource Locator，URL）来描述 Web 页的地址和访问该网页时使用的协议。URL 的地址是协议://IP 地址或域名/路径/文件名。其中，协议是服务方式或是获取数据的方法，如 HTTP、FTP 等方式；IP 地址或域名是指存放该资源的主机的 IP 地址或域名；路径和文件名是用路径的形式表示 Web 页在主机中的具体位置（如文件夹、文件名等）。

答案：A

（3）因特网上的服务都是基于某一种协议，Web 服务基于（　　）。

　　（A）SNMP　　　　（B）SMTP　　　　（C）HTTP　　　　（D）TELNET 协议

解析：WWW 网站上包含很多 Web 网页，这些 Web 页基本上都是用 HTML 编写的，它们在超文本传输协议 HTTP 的支持下运行。

答案：C

（4）能保存网页地址的文件夹是（　　）。

　　（A）收件箱　　（B）公文包　　　　（C）我的文档　　（D）收藏夹

解析：网页浏览器的收藏夹的作用是把感兴趣或有用的网页地址保存下来，以方便下次访问。

答案：D

（5）下列 URL 的表示方法中，正确的是（　　）。

（A）http://www.microsoft.com/index.html

（B）http:\www.microsoft.com/index.html

（C）http://www.microsoft.com\index.html

（D）http:www.microsoft.com/index.htmp

解析：URL 全名为统一资源定位器，格式为协议://IP 地址或域名/路径/文件名。所以正确的选项为 A。

答案：A

二、操作题

（1）浏览 http://LOCALHOST/DJKS/test.htm 页面，找到"笔记本资讯"的链接，单击进入子页面，并将该页面以"bjb.htm"命名保存到考生文件夹下。

解析：

【步骤 1】启动 IE，在地址栏中键入所要进入的网址为 http://LOCALHOST/DJKS/test.htm，按【Enter】键确认。

提醒：输入时网页的地址必须和题目给出的地址一样，否则无法打开网页。

【步骤 2】在打开的网页中找到"笔记本资讯"页面，单击链接，通过链接打开网页。

【步骤 3】在打开的网页中，选择【文件】→【另存为】命令，打开【保存网页】对话框，然后选中保存路径为考生文件夹下，将文件名改为"bjb"，即保存类型是"网页，全部（*.htm；*.html）"。单击【保存】按钮，即可将其保存到考生文件夹中。

（2）浏览 http://LOCALHOST/DJKS/test.htm 页面，找到"笔记本资讯"的链接，单击链接进入子页面详细浏览，将"IBM T16"型号笔记本的配置信息拷贝到新建的文本文档 T16.txt 中，并放置在考生文件夹内。

解析：

【步骤 1】启动 IE 浏览器，在地址栏中键入所要进入的网址：http://LOCALHOST/DJKS/test.htm，按【Enter】键确认。

【步骤 2】在打开的网页中找到"笔记本资讯"页面，单击链接，通过链接打开网页。

【步骤 3】选中"IBM T16"型号笔记本的配置信息，然后右击选中【复制】。

【步骤 4】在考生文件夹下新建一个文本文档，文件名改名为"T16"。

【步骤 5】打开新建的文本文档，右击任一空白区域后选中【粘贴】，然后保存，关闭该文本文档。

（3）打开 http://localhost/myweb/nba.htm 页面，找到名为"中国的 NBA 中锋-姚明"的照片，将该照片保存至考生文件夹下，重命名为"姚明.jpg"。

解析：

【步骤 1】启动 IE 浏览器，在地址栏中键入所要进入的网址为 http://localhost/myweb/nba.htm，按【Enter】键确认。

【步骤 2】在打开的网页中找到名为"中国的 NBA 中锋-姚明"照片，在该照片上单击鼠标右键选中【图片另存为】。

【步骤 3】在"图片另存为"对话框中，修改保存路径为考生文件夹下，将文件名改为"姚明.jpg"，单击【确定】按钮。

3．搜索引擎的使用

搜索引擎是在 Internet 上执行信息搜索的专门网站，可以对网页进行分类、搜索与检索。用户访问这些网站，输入一些有关查找信息的关键字后，便可以打开显示搜索结果的网页。

常用的搜索引擎有百度、新浪和搜狐等。

打开搜索引擎，在关键字文本框中输入要查找的关键字，单击搜索，即可显示搜索结果的页面。

【真题解析】

操作题

（1）双击桌面上的 Internet Explorer 图标，打开因特网界面，在地址栏中输入百度网站的地址为 http://www.baidu.com。

（2）在"网页搜索"栏中输入"计算机"，单击搜索。

（3）打开搜索结果中的一个网页，将它保存到考生文件夹中，单击文件，选择"重命名"，更改为"cals.htm"。

解析：

【步骤1】启动 IE，在地址栏中输入网址：http://www.baidu.com，按【Enter】键确认。

【步骤2】在"网页搜索"栏中输入"计算机"，单击"百度一下"进行搜索，会出现搜索结果的页面。

【步骤3】选择并打开搜索结果中的一个网页，选择【文件】→【另存为】，打开"保存网页"对话框，然后选择保存路径为考生文件夹，将文件名更改为"cals.htm"，保存类型选择默认，单击【保存】按钮即可。

8.3.2　使用远程文件传输协议 FTP

文件传输协议（File Transfer Protocol，FTP），是将网络上一台计算机中的文件移动或拷贝到另外一台计算机上。通过 FTP 服务器，用户可以实现下载和上传文件。

可以使用 IE 打开 FTP 服务器，也可以使用 FTP 专用软件对 FTP 服务器进行操作，如 CuteFTP、FlashFTP 等软件。

【真题解析】

（1）接入 Internet 并且支持 FTP 的两台计算机，对于它们之间的文件传输，下列说法正确的是（　　）。

　　（A）只能传输文本文件　　　　　　　（B）不能传输图形文件

　　（C）所有文件均能传输　　　　　　　（D）只能传输几种类型的文件

解析：FTP 信息获取，主要提供远程的文件获取。Internet 使用的文件传输协议是由 TCP/IP 支持的。不管两台计算机在地理上相距多远，只要它们已接入 Internet 并都支持 FTP，用户都可以将一台计算机上的文件传送到另一台计算机上，传输的文件对大小和类型都没有限制。

答案：C

（2）下列关于使用 FTP 下载文件的说法中错误的是（　　）。

　　（A）FTP 即文件传输协议

　　（B）使用 FTP 在因特网上传输文件，这两台计算机必须使用同样的操作系统

（C）可以使用专用的 FTP 客户端下载文件

（D）FTP 使用客户/服务器模式工作

解析： FTP 是文件传输协议，主要是从 FTP 服务器上传或下载文件，工作模式属于 C/S 模式。访问 FTP 时与服务器或客户机的硬件和软件没有关系，不必要求客户机和服务器的操作系统必须相同。

答案： B

8.4 电子邮件

常见考点： 1. 电子邮件的特点；2. 电子邮件地址的格式；3. 使用 Outlook 发送、接收、转发、回复邮件。

8.4.1 电子邮件概述

电子邮件（E-mail）是因特网上使用最广泛的服务之一。电子邮件服务器采用客户机/服务器工作模式。邮件服务器是互联网邮件服务系统的核心。邮件服务器一方面负责接收用户送来的邮件，并根据邮件所要发送的目的地址，将其传送到对方的邮件服务器中，这需要执行 SMTP；另一方面它还执行 POP3，以判断是否有用户需要取信和鉴别取信人的身份，并在身份认证通过后把收信人邮箱中的邮件发送给收信人。

1. 电子邮件地址的格式

使用因特网的电子邮件系统的用户首先要有一个电子信箱，每个信箱应对应一个唯一的可识别的电子邮件地址。电子邮件地址的格式：用户名@主机域名。它由收件人的用户名和电子信箱所在计算机的域名两部分组成，中间用"@"符号连接。

邮件首先被送到收件人的邮件服务器，存放在属于收信人的 E-mail 邮箱里。所有的邮件服务器 24 小时工作，随时可以收发邮件。

2. 电子邮件的格式

电子邮件都有信头和信体两个基本部分组成。

信头通常包括以下内容。

（1）收件人：收件人的 E-mail 地址，多个收件人地址之间用逗号或分号隔开。

（2）抄送：表示同时可接到此信的其他人的 E-mail 地址，如果不想收信人看到接收此信的其他人，可选择"密送"。

（3）主题：类似一本书的章节标题，它概括描述信件内容的主题，可以是一句话或一个词。

信体是写给收信人的正文内容，有时还可以包含附件。

8.4.2 Outlook 的使用

Outlook 是常用的电子邮件客户端软件。它一方面负责将用户要发送的邮件送到邮件服务器中；另一方面负责检查用户信箱，并读取邮件。Outlook 包含的功能有创建、发送、接收、阅读和管理邮件等。常用功能的介绍如下。

（1）创建新邮件。

启动 Outlook，单击其窗口的【创建邮件】按钮，或选择【文件】→【新建】→【邮件】，打开"新邮件"窗口，如图 8-6 所示。

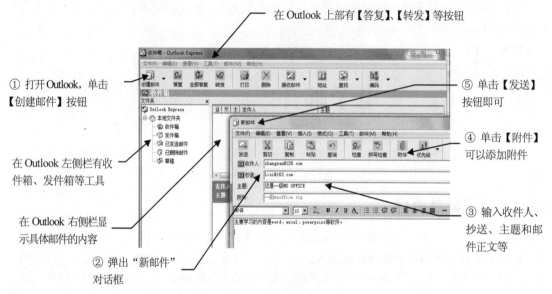

图 8-6　发送电子邮件

（2）若要阅读、回复或转发收件箱中的邮件，使用图 8-6 顶部的工具栏中的【转发】按钮即可完成。

【真题解析】

（1）下列关于因特网上收/发电子邮件优点的描述中，错误的是（　　）。

　　（A）不受时间和地域的限制，只要能接入因特网，就能收发电子邮件

　　（B）方便、快速

　　（C）费用低廉

　　（D）收件人必须在原电子邮箱申请地接收电子邮件

　　解析：电子邮件的使用不受地理位置和时间的限制，只要能够连接因特网，就能够使用自己的邮箱发送和接收电子邮件，其特点是速度快、费用低。所以选项 D 的说法是错误的。

　　答案：D

（2）假设邮件服务器的地址是 email.bj163.com，则用户的正确的电子邮箱地址的格式是（　　）。

　　（A）用户名#email.bj163.com　　　　（B）用户名@email.bj163.com

　　（C）用户名 email.bj163.com　　　　　（D）用户名$email.bj163.com

　　解析：电子邮件地址的格式是用户名@主机域名。它由收件人的用户名和电子信箱所在计算机的域名两部分组成，中间用"@"符号连接，所以选项 B 正确。

　　答案：B

（3）下列叙述中正确的是（　　）。

　　（A）电子邮件只能传输文本

（B）电子邮件只能传输文本和图片

（C）电子邮件能传输文本、图片、程序等

（D）电子邮件不能传输图片

解析：电子邮件正文中可以传输文本，在附件中可以传送任何文件，包括图片、程序等，当然传送时受附件大小的限制。

答案：C

（4）给同学小丁发邮件，以附件的方式发送本学期的课程表。

小丁的 E-mail 地址是：jason123_ding@sohu.com。

主题为：本学期课程通知。

正文内容为：小丁，你好！附件里是本学期的课程表，请查看。

将考生文件夹中的"课程表.xls"添加到邮件附件中，发送。

操作参考图 8-6 的操作步骤。

（5）接收来自 bigblue_beijing@yahoo.com 的邮件，并回复该邮件，正文为：信已收到，祝好！

操作参考图 8-6 的操作步骤。

8.5　计算机病毒及其防治

常见考点：1. 计算机病毒的概念；2. 计算机病毒的特点；3. 常见病毒的种类；4. 杀毒软件的特点和使用。

8.5.1　计算机病毒概述

1. 计算机病毒的概念

计算机病毒是指编制或者在计算机程序中插入的破坏计算机功能或者破坏数据，影响计算机使用并且能够自我复制的一组计算机指令或程序代码。计算机病毒一般具有如下主要特点：是人为的特制程序、具有自我复制能力、具有寄生性、很大的破坏性、很强的传染性、一定的潜伏性、隐蔽性。

2. 计算机感染病毒的常见症状

因为计算机病毒具有隐蔽性，所以一般不容易发现。但是只要仔细留意计算机的运行状况，是能够发现计算机感染病毒的异常情况的。如文件或文件夹数目无故增加，系统的可使用内存明显变小，机器运行速度过慢或经常死机等。

3. 计算机病毒的分类

计算机病毒主要分为以下几类。

（1）引导区病毒：是一种在 ROM BIOS 之后系统引导时出现的病毒，它先于操作系统感染硬盘的主引导记录，当硬盘主引导记录感染病毒后，病毒就企图获取控制权，并隐藏在系统中伺机传染、发作。

（2）文件型病毒：主要感染扩展名为.com、.exe.sys.dev 等可执行文件。

（3）混合型病毒：既可以传染磁盘的引导区，也传染可执行文件，兼有上述两类病毒的特点。

（4）宏病毒：是一种寄存于 Office 软件，如 Word 文档或模板的宏中的计算机病毒。一旦打开这样的文档，其中的宏就会被执行，宏病毒被激活，并转移到计算机上。

（5）Internet 病毒（网络病毒）：大多通过 E-mail 传播。来历不明的 E-mail 中很多带有附件，如果用户不小心执行了附件中的恶意程序，就会使该病毒在计算机中驻留并修改注册表，隐藏在系统中。当用户运行 Windows 并联网时，病毒的控制者就可以远程监控、使用、操作该计算机。

8.5.2　计算机病毒防范与清除

所谓防范，是指通过合理、有效的防范体系及时发现计算机病毒的侵入，并能采取有效的手段阻止病毒的破坏和传播，保护系统和数据安全。计算机病毒主要通过移动存储介质（如优盘、移动硬盘）和计算机网络两大途径进行传播。

只要在日常使用中多加注意，可以有效防范病毒。具体措施如下。

① 专机专用。

② 利用写保护。

③ 慎用网上下载的软件。

④ 建立备份。

⑤ 采用有效的杀毒软件实时保护。

⑥ 扫描系统漏洞，及时更新系统补丁。

⑦ 浏览网页、下载论文时要选择正规的网站。

比较常用的方法是使用杀毒软件，它具有清除/删除病毒的功能，既安全又方便。通常反病毒软件只能检测出已知的病毒（病毒库里已有的病毒种类），不能检测出新的病毒或病毒的变种，所以，反病毒软件要随着新病毒的出现而不断升级。目前很多反病毒软件都可以常驻内存实时检测系统，随时抵御病毒的入侵。但是任何一款杀毒软件都具有局限性，不可能查杀所有病毒。

常见的杀毒软件有瑞星、360、卡巴斯基、金山毒霸、诺顿、趋势科技等。

【真题解析】

（1）下列关于计算机病毒的叙述中，正确的是（　　　）。

（A）反病毒软件可以查、杀任何种类的病毒

（B）计算机病毒发作后，将对计算机硬件造成永久性的物理损坏

（C）反病毒软件必须随着新病毒的出现而升级，提高查、杀病毒的功能

（D）感染过计算机病毒的计算机具有对该病毒的免疫性

解析：选项 A 中反病毒软件不可能查杀所有的病毒，很多病毒是新生的或是变异的，如果杀毒软件没有及时更新，病毒库中则没有加入新病毒，扫描时无法识别和查杀。选项 B 中计算机病毒的破坏不一定是硬件的，主要是软件的，很多破坏是可以采用手段恢复的。选项 D 中计算机病毒不是生物病毒，无免疫性一说，只是杀毒软件及时更新后可以检测该病毒。

答案：C

（2）下列关于计算机病毒的叙述中，正确的是（　　　）。

（A）所有计算机病毒只在可执行文件中传染

（B）计算机病毒可通过读写移动硬盘或 Internet 网络进行传播

（C）只要把带毒优盘设置成只读状态，那么此盘上的病毒就不会读盘而传染给另一台计算机

（D）清除病毒的最简单的方法是删除已感染病毒的文件

解析：选项 A 中很多计算机病毒可以伪装成善意的可执行文件，运行时感染系统和文件，还有一些病毒感染文件夹等。选项 C 中优盘写保护，是指保护优盘不会感染，此盘中的病毒可以感染其他机器和系统。选项 D 中杀毒的关键是把病毒杀掉、完全去除，否则删除了感染文件，它只要运行在内存中，还可以感染其他文件。

答案：B

（3）下列关于计算机病毒的叙述中，正确的是（　　）。

（A）计算机病毒的特点之一是具有免疫性

（B）计算机病毒是一种有逻辑错误的小程序

（C）反病毒软件必须随着新病毒的出现而升级，提高查、杀病毒的功能

（D）感染过计算机病毒的计算机具有对该病毒的免疫性

解析：选项 A 中计算机病毒的主要特点是寄生性、破坏性、传染性、潜伏性、隐蔽性等，无免疫性，所以选项 A、D 是错误的。计算机病毒是一种人为制造的、能够通过自我复制进行传播的程序，即是一种特殊的计算机程序，具有破坏计算机软件和数据的能力，而不是逻辑上错误的程序，故 B 项错误。计算机病毒的新品种、变种特别多，杀毒软件必须更新病毒库后才能找到相应的病毒。

答案：C

（4）下列叙述中，正确的是（　　）。

（A）Word 文档不会带计算机病毒

（B）计算机病毒具有自我复制的能力，能迅速扩散到其他程序上

（C）清除计算机病毒的最简单办法是删除所有感染了病毒的文件

（D）计算机杀病毒软件可以查出和清除任何已知或未知的病毒

解析：选项 A 中 Word 文档可以通过宏携带病毒。选项 B 中计算机病毒具有自我复制的能力，可以迅速扩散。选项 C 中删除所有带病毒的文件，但只要病毒还在，依然会感染其他文件。选项 D 中杀毒软件只能查杀已知病毒，未知病毒无法查找到。

答案：B

全真试题练习

一、计算机网络基础知识真题

1．计算机网络的发展，经历了由简单到复杂的过程。其中，最早出现的计算机网络是（　　）。

　　（A）Internet　　　　（B）ARPANET　　（C）Ethernet　　　（D）PSDN

2．计算机网络中的所谓"资源"是指硬件、软件和（　　）资源。

　　（A）通信　　　　　（B）系统　　　　（C）数据　　　　（D）资金

3．在计算机网络中负责各节点之间通信任务的部分称为（　　）。

　　（A）工作站　　　（B）资源子网　　　（C）文件服务器　　（D）通信子网

4. 计算机网络的主要功能是（　　　）。

（A）传送速度快　　　（B）资源丰富　　　（C）电子购物　　　（D）可以实现资源共享

5. 计算机网络最突出的优点是（　　　）。

（A）提高可靠性　　　　　　　　　　（B）提高计算机的存储容量

（C）运算速度快　　　　　　　　　　（D）实现资源共享和快速通信

6. 在计算机通信中，数据传输速率的基本单位是（　　　）。

（A）Band　　　　　（B）bit/s　　　　　（C）Byte　　　　　（D）MIPS

7. 计算机网络按地理范围可分为（　　　）。

（A）广域网、城域网和局域网　　　　　（B）因特网、城域网和局域网

（C）广域网、因特网和局域网　　　　　（D）因特网、广域网和对等网

8. 在一间办公室内要实现所有计算机联网，一般应选择（　　　）网。

（A）GAN　　　　　（B）MAN　　　　　（C）LAN　　　　　（D）WAN

9. 学校实验室机房内实现多台计算机连网，按其实际情况可选择（　　　）。

（A）WAN　　　　　（B）LAN　　　　　（C）MAN　　　　　（D）DDN

10. 不属于计算机网络拓扑结构形式的是（　　　）。

（A）树型结构　　　（B）混合型结构　　　（C）总线型结构　　　（D）分支型结构

11. 以文件服务器为中央节点，各工作站作为外围节点都单独连接到中央节点上，这种网络拓扑结构属于（　　　）。

（A）星形　　　　　（B）总线型　　　　　（C）环形　　　　　（D）树形

12. Modem 是计算机通过电话线接入 Internet 时所必需的硬件，它的功能是（　　　）。

（A）只将数字信号转换为模拟信号　　　（B）只将模拟信号转换为数字信号

（C）为了在上网的同时能打电话　　　　（D）将模拟信号和数字信号互相转换

13. Hub 是一种网络设备，它的中文名字叫（　　　）。

（A）调制解调器　　　（B）路由器　　　（C）集线器　　　（D）网桥

14. 在局域网互连中，传输层及其以上高层实现网络互连的设备是（　　　）。

（A）网桥　　　　　（B）路由器　　　　　（C）网关　　　　　（D）放大器

15. 目前，网络传输介质中传输速率最高的是（　　　）。

（A）双绞线　　　　（B）同轴电缆　　　（C）光缆　　　　　（D）电话线

16. 下列说法不正确的是（　　　）。

（A）调制解调器（Modem）是局域网络设备

（B）集线器（HUB）是局域网络设备

（C）网卡（NIC）是局域网络设备

（D）中继器（Repeater）是局域网络设备

17. 实现计算机网络需要硬件和软件，其中，负责管理整个网络各种资源、协调各种操作的软件称为（　　　）。

（A）通信协议软件　　　　　　　　　　（B）网络操作系统

（C）网络应用软件　　　　　　　　　　（D）TCP/IP

18. 网络操作系统种类很多，（　　　）不能被认为是网络操作系统。

（A）NetWare　　　（B）DOS　　　　（C）UNIX　　　　（D）Windows NT

二、因特网应用真题

1. 下列有关 Internet 的叙述中，错误的是（　　）。

　　（A）万维网就是因特网　　　　　　　　（B）因特网上提供了多种信息

　　（C）因特网是计算机网络的网络　　　　（D）因特网是国际计算机互联网

2. 所有计算机必须遵守一个共同协议（　　）才能实现与 Internet 相连接。

　　（A）ICMP　　　　　（B）UDP　　　　　（C）TCP/IP　　　　（D）FTP

3. 下列 IP 地址不合法的是（　　）。

　　（A）50.108.0.6　　　　　　　　　　　　（B）67.164.12.222

　　（C）106.85.10.222　　　　　　　　　　（D）166.220.13.290

4. 中国的域名是（　　）。

　　（A）net　　　　　（B）CHINA　　　　　（C）cn　　　　　（D）ZG

5. 根据域名的规定，域名为 tome.com.cn 一般用来表示（　　）类别的网站。

　　（A）政府机构　　　　　　　　　　　　（B）教育、科研机构

　　（C）商业机构　　　　　　　　　　　　（D）信息服务机构

6. 下列表示域名是正确的（　　）。

　　（A）sundajie@student.com　　　　　　　（B）www.chinaedu.edu.cn

　　（C）http://www.163.com　　　　　　　　（D）182.56.8.220

7. 下列域名写法无误的是（　　）。

　　（A）rmdx,edu.cn　　　　　　　　　　　（B）rmdx.edu.cn

　　（C）rmdx、edu、cn　　　　　　　　　　（D）rmdx、edu.cna

8. 表示教育机构的域名为（　　）。

　　（A）www.rmdx.net.cn　　　　　　　　　（B）www.rmdxc.com.cn

　　（C）www.rmdx.info.cn　　　　　　　　　（D）www.rmdx.edu.cn

9. 在 Internet 中完成从域名到 IP 地址或者从 IP 到域名转换的是（　　）。

　　（A）DNS　　　　　（B）FTP　　　　　（C）WWW　　　　（D）ADSL

10. 以下说法中，正确的是（　　）。

　　（A）域名服务器中存放 Internet 主机的 IP 地址

　　（B）域名服务器中存放 Internet 主机的域名

　　（C）域名服务器中存放 Internet 主机域名与 IP 地址的对照表

　　（D）域名服务器中存放 Internet 主机的电子邮箱的地址

11. 调制解调器的功能是（　　）。

　　（A）数字信号转换成声音信号　　　　　（B）模拟信号转换成数字信号

　　（C）数字信号转换成其他信号　　　　　（D）数字信号与模拟信号之间的相互转换

12. 通常一台计算机要接入互联网，应该安装的设备是（　　）。

　　（A）网页浏览器　　　　　　　　　　　（B）调制解调器或网卡

　　（C）网络系统　　　　　　　　　　　　（D）网络工具

13. 利用电话线拨号联网（Internet），不需要设备是（　　）。

　　（A）电话线　　　　　（B）网卡　　　　　（C）计算机　　　　　（D）调制解调器

14. 用"综合业务数字网"（又称"一线通"）接入因特网的优点是上网通话两不误，它的英

文缩写是（　　）。

  （A）ADSL   （B）ISDN   （C）ISP   （D）TCP

15．在 Internet 提供的服务中，表示网页浏览的是（　　）。

  （A）FTP   （B）BBS   （C）WWW   （D）E-mail

16．Internet 提供的最常用、便捷的通信服务是（　　）。

  （A）文件传输（FTP）   （B）远程登录（Telnet）

  （C）电子邮件（E-mail）   （D）万维网（WWW）

17．因特网上的每一种服务都有其遵循的某一种协议，而 Web 服务遵循的是的（　　）。

  （A）BBS 协议 （B）WAIS 协议 （C）HTTP   （D）FTP

18．在浏览 Web 网站时必须使用浏览器，下列属于常用浏览器的是（　　）。

  （A）Foxmail   （B）TradeMail

  （C）Internet Explorer   （D）Outlook Express

19．HTML 的中文名称为（　　）。

  （A）WWW 编程语言   （B）超文本标记语言

  （C）网页编程语言   （D）Internet 编辑语言

20．超文本是指（　　）。

  （A）不能嵌入图像   （B）该文本中有链接到其他信息资源的链接点

  （C）该文本不具有排版功能 （D）该文本不具有链接到其他文本的链接点

21．IE 收藏夹的作用是（　　）。

  （A）收集感兴趣的页面地址   （B）记忆感兴趣的页面的内容

  （C）收集感兴趣的文件内容   （D）收集感兴趣的文件名

22．能保存网页地址的文件夹是（　　）。

  （A）收件箱 （B）公文包 （C）我的文档 （D）收藏夹

23．FTP 的中文意思是（　　）。

  （A）搜索引擎 （B）电子商务 （C）远程登录 （D）文件传输

24．下列关于电子邮件的说法中错误的是（　　）。

  （A）发件人必须有自己的 E-mail 账户 （B）必须知道收件人的 E-mail 地址

  （C）收件人必须有自己的邮政编码 （D）可使用 Outlook Express 管理联系人信息

25．某一电子邮件地址为：dengjikaoshi@sina.com，其中 dengjikaoshi 代表（　　）。

  （A）用户名 （B）主机名 （C）域名   （D）文件名

26．下面有关电子邮件地址的书写格式无误的是（　　）。

  （A）engjikaoshi@sina.com   （B）dengjikaoshi@sina,com

  （C）dengjikaoshisina.com   （D）dengjikaoshi@sinacom

27．下列表示用户 XUEJY 的电子邮件地址中，正确的是（　　）。

  （A）XUEJY_bj163.com   （B）XUEJYbj163.com

  （C）XUEJY#bj163.com   （D）XUEJY@bj163.com

28．下列对电子邮件描述不正确的是（　　）。

  （A）电子邮件简称 E-mail

  （B）电子邮件传输速度比一般邮政书信要快很多

(C) 电子邮件是通过 Internet 邮寄的电子信件

(D) 发送电子邮件不需要对方的邮件地址也能发送

29. 在 Internet 提供的众多服务中，表示电子邮件的是（　　）。

(A) E-mail　　　　(B) FTP　　　　(C) WWW　　　　(D) WAIS

30. 下列选项中不属于 Internet 基本功能的是（　　）。

(A) 实时检测控制　(B) 电子邮件　(C) 文件传输　(D) 远程登录

31. 以下关于流媒体技术的说法中，错误的是（　　）。

(A) 实现流媒体需要合适的缓存　　　(B) 媒体文件全部下载完成才可以播放

(C) 流媒体可用于在线直播等方面　　(D) 流媒体格式包括 asf、rm、ra 等

32. 下列的英文缩写和中文名字的对应中，正确的一个是（　　）。

(A) URL——用户报表清单　　　　(B) CAD——计算机辅助设计

(C) USB——不间断电源　　　　(D) RAM——只读存储器

33. 下列关于计算机病毒的叙述中，正确是（　　）。

(A) 反病毒软件可以查、杀任何种类的病毒

(B) 计算机病毒是一种被破坏了的程序

(C) 反病毒软件必须随着新病毒的出现而升级，提高查、杀病毒的功能

(D) 感染过计算机病毒的计算机具有对该病毒的免疫性

34. 计算机病毒除通过读写或复制移动存储器上带病毒的文件传染外，另一条主要的传染途径是（　　）。

(A) 网络　　　　(B) 电源电缆　　　(C) 键盘　　　(D) 输入有逻辑错误的程序

35. 下列叙述中，正确的是（　　）。

(A) 所有计算机病毒只在可执行文件中传染

(B) 计算机病毒主要通过读写移动存储器或 Internet 网络进行传播

(C) 只要把带病毒的优盘设置成只读状态，那么此盘上的病毒就不会因读盘而传染给另一台计算机

(D) 计算机病毒是由于资源表面不清洁而造成的

36. 计算机病毒实际上是（　　）。

(A) 一个完整的小程序

(B) 一段寄生在其他程序上的通过自我复制进行传染的，破坏计算机功能和数据的特殊程序

(C) 一个有逻辑错误的小程序

(D) 微生物病毒

37. 目前使用的杀毒软件，能够（　　）。

(A) 检查计算机是否感染了某些病毒，如有感染，可以清除其中一些病毒

(B) 检查计算机是否感染了任何病毒，如有感染，可以清除其中一些病毒

(C) 检查计算机是否感染了病毒，如有感染，可以清除所有的病毒

(D) 防止任何病毒再对计算机进行侵害

38. 目前使用的防病毒软件的作用是（　　）。

(A) 清除已感染的任何病毒　　　　(B) 查出已知名的病毒，清除部分病毒

（C）清除任何已感染的病毒　　　　　（D）查出并清除任何病毒

39．下列关于计算机病毒叙述中，不正确的一条是（　　　）。

（A）计算机病毒是一个标记或一个命令

（B）计算机病毒是人为制造的一种程序

（C）计算机病毒是一种通过磁盘、网络等媒介传输，并能传染其他程序的程序

（D）计算机病毒是能够实现自我复制，并借助一定的媒体存在的具有潜伏性、传染性和破坏性的程序

40．下列选项中不属于计算机病毒特征的是（　　　）。

（A）潜伏性　　　　（B）破坏性　　　　（C）传染性　　　　（D）免疫性

41．相对而言，下列类型的文件中，不易感染病毒的是（　　　）。

（A）*.txt　　　　（B）*.doc　　　　（C）*.com　　　　（D）*.exe

42．计算机病毒是指（　　　）。

（A）解释和编译出现错误的计算机程序

（B）编辑错误的计算机程序

（C）自动生成的错误的计算机程序

（D）以危害计算机软硬件系统为目的设计的计算机程序

43．为确保企业局域网的信息安全，防止来自 Internet 的黑客入侵或病毒感染，采用（　　　）可以实现一定的防范作用。

（A）网络计费软件　（B）邮件列表　　（C）防火墙软件　（D）防病毒软件

44．下列属于计算机病毒特征的是（　　　）。

（A）模糊性　　　　（B）高速性　　　　（C）传染性　　　　（D）危急性

45．下面是关于计算机病毒的四条叙述，其中正确的是（　　　）。

（A）严禁在计算机上玩游戏是预防计算机病毒侵入的唯一措施

（B）是一种人为编制的特殊的计算机程序，它隐藏在计算机系统内部或依附在其他程序（或数据）文件上，对计算机系统资源及文件造成干扰和破坏，使计算机系统不能正常运转

（C）计算机病毒只破坏磁盘上的程序和数据

（D）计算机病毒只破坏内存中的程序和数据

46．下列关于计算机的叙述中，不正确的一条是（　　　）。

（A）外部存储器又称为永久性存储器

（B）计算机中大多数运算任务都是由运算器完成的

（C）高速缓存就是 Cache

（D）借助反病毒软件可以清除所有的病毒

47．使用防杀毒软件有（　　　）作用。

（A）完全保护计算机不受病毒的侵害

（B）能查杀任何计算机病毒

（C）检查计算机是否已感染病毒，清除部分感染的病毒

（D）检查计算机是否感染病毒，清除感染的任何病毒

48．采取（　　　）措施来保护存有信息的 U 盘不被计算机病毒所感染。

（A）对优盘进行杀毒 （B）对 U 盘进行写保护

（C）格式化 U 盘 （D）不在多台电脑上使用此 U 盘

49. 下列不能预防计算机病毒的做法是（   ）。

（A）对重要的数据和程序经常进行备份

（B）使用来历不明的杀毒软件

（C）对来自网络上的文件用杀毒软件进行检查，未经检查的可执行文件不要拷入硬盘，更不能使用

（D）随时注意计算机的各种异常现象，一旦发现，立即启用杀毒软件仔细检查

50. 在下列系统故障中，（   ）表现一般不属于感染计算机病毒的表现。

（A）系统速度突然减慢 （B）磁盘空间异常减少

（C）计算机系统时间不正确 （D）蜂鸣器无故唱歌

51. 下列关于计算机病毒的叙述中正确的是（   ）。

（A）计算机病毒不能破坏系统数据区

（B）计算机病毒通过移动盘、资源或 Internet 网络进行传播

（C）计算机病毒只感染.doc 或.dot 文件，而不感染其他的文件

（D）计算机病毒不攻击破坏内存

52. 计算机病毒是一种人为编写的特殊程序，下列（   ）软件不可用于查杀计算机病毒。

（A）Word 2003 （B）KILL （C）瑞星杀毒 （D）Norton AntiVirus

53. 计算机病毒种类繁多，人们根据病毒的特征或危害性给病毒命名，下面（   ）不是病毒名称。

（A）振荡波 （B）千年虫 （C）欢乐时光 （D）冲击波

54. 以下哪一项不是预防计算机病毒的措施（   ）。

（A）建立备份 （B）专机专用 （C）不上网 （D）定期检查

55. 在下列有关计算机病毒和防毒软件的叙述中，不正确的是（   ）。

（A）计算机病毒主要通过移动存储介质或网络传播

（B）用户在上网浏览信息时，所用计算机可能被病毒感染

（C）任何防毒软件都只能预防一些已知的病毒，但对所有查出的病毒均能安全地清除

（D）任何防毒软件都应经常更新

56. 下列（   ）不属于杀毒软件。

（A）Kaspersky （B）金山毒霸 （C）瑞星 2008 （D）Internet Explorer

57. 计算机病毒主要造成（   ）。

（A）磁盘的损坏 （B）程序和数据的损坏

（C）CPU 的损坏 （D）计算机用户的伤害

58. 下列关于计算机病毒的叙述中，错误的是（   ）。

（A）网络环境下计算机病毒可以通过电子邮件进行传播

（B）电子邮件是个人间的通信手段，即使传播计算机病毒也是个别的，影响不大

（C）目前防火墙还无法确保单位内部的计算机不受病毒的攻击

（D）一般情况下只要不打开电子邮件的附件，系统就不会感染它所携带的病毒

59. 计算机病毒可以按照感染的方式进行分类，以下哪一项不是其中一类（   ）。

　　（A）引导区型病毒　　　　　　　（B）文件型病毒

　　（C）混合型病毒　　　　　　　　（D）附件型病毒

三、操作题

第 1 题

（1）浏览 http://LOCALHOST/DJKS/test.htm 页面，找到"笔记本资讯"的链接，单击进入子页面，并将该页面以"bjb.htm"为名保存到考生文件夹下。

（2）打开 Outlook Express，发送一封带附件的邮件；

收件人：zhangpeng1989@hotmail.com。

主题：照片。

正文：照片已发送，请注意查收。

附件：考生文件夹下一幅名为"Happy.jpg"的图片。

第 2 题

向老同学刘亮发一个 E-mail，并将考生文件下的图片文件"fengjing.jpg"作为附件一起发送。

具体要求如下：

【收件人】Liuliang@163.com

【抄送】

【主题】美丽的风景

【内容】刘亮，你好！最近我出去旅游，把当地的一张风景照寄给你，欣赏欣赏。

第 3 题

（1）浏览 http://LOCALHOST/DJKS/test.htm 页面，找到"笔记本资讯"的链接，单击进入子页面详细浏览，将"IBM T61"型号笔记本的配置信息复制到新建的文本文件 T61.txt 中，放置在考生文件夹内。

（2）打开 Outlook Express，发送一封邮件。

地址：zhangsan@163.com。

主题：老同学。

正文：张三同学，好久不见，你现在怎么样？收到信后请回复。祝好！

基本要求

1．掌握算法的基本概念。

2．具有微型计算机的基础知识（包括计算机病毒的防治常识）。

3．了解微型计算机系统的组成和各部分的功能。

4．了解操作系统的基本功能和作用，掌握 Windows 7 的基本操作和应用。

5．了解计算机网络的基本概念和因特网（Internet）的初步知识，掌握 IE 浏览器软件和 Outlook 软件的基本操作和使用。

6．了解文字处理的基本知识，熟练掌握文字处理软件 Word 2016 的基本操作和应用，熟练掌握一种汉字（键盘）输入方法。

7．了解电子表格软件的基本知识，掌握电子表格软件 Excel 2016 的基本操作和应用。

8．了解多媒体演示软件的基本知识，掌握演示文稿制作软件 PowerPoint 2016 的基本操作和应用。

考试内容

一、计算机基础知识

1．计算机的发展、类型及其应用领域。

2．计算机中数据的表示与存储。

3．多媒体技术的概念与应用。

4．计算机病毒的概念、特征、分类与防治。

5．计算机网络的概念、组成和分类，计算机与网络信息安全的概念和防控。

二、操作系统的功能和使用

1．计算机软、硬件系统的组成及主要技术指标。

2．操作系统的基本概念、功能、组成及分类。

3．Windows 7 操作系统的基本概念和常用术语，文件、文件夹、库等。

4．Windows 7 操作系统的基本操作和应用。

（1）桌面外观的设置，基本的网络配置。

（2）熟练掌握资源管理器的操作与应用。

（3）掌握文件、磁盘、显示属性的查看、设置等操作。

（4）中文输入法的安装、删除和选用。

（5）掌握对文件、文件夹和关键字的搜索。

（6）了解软、硬件的基本系统工具。

5．了解计算机网络的基本概念和因特网的基础知识，主要包括网络硬件和软件，TCP/IP 的工作原理，以及网络应用中常见的概念，如域名、IP 地址、DNS 服务等。

6．能够熟练掌握浏览器、电子邮件的使用和操作。

三、文字处理软件的功能和使用

1．Word 2016 的基本概念，Word 2016 的基本功能、运行环境、启动和退出。

2．文档的创建、打开、输入、保存、关闭等基本操作。

3．文本的选定、插入与删除、复制与移动、查找与替换等基本编辑技术；多窗口和多文档的编辑。

4．字体格式设置、文本效果修饰、段落格式设置、文档页面设置、文档背景设置和文档分栏等基本排版技术。

5．表格的创建、修改；表格的修饰；表格中数据的输入与编辑；数据的排序和计算。

6．图形和图片的插入；图形的建立和编辑；文本框、艺术字的使用和编辑。

7．文档的保护和打印。

四、电子表格软件的功能和使用

1．电子表格的基本概念和基本功能，Excel 2016 的基本功能、运行环境、启动和退出。

2．工作簿和工作表的基本概念和基本操作，工作簿和工作表的建立、保存和退出；数据输入和编辑；工作表和单元格的选定、插入、删除、复制、移动；工作表的重命名和工作表窗口的拆分和冻结。

3．工作表的格式化，包括设置单元格格式、设置列宽和行高、设置条件格式、使用样式、自动套用模式和使用模板等。

4．单元格绝对地址和相对地址的概念，工作表中公式的输入和复制，常用函数的使用。

5．图表的建立、编辑、修改和修饰。

6．数据清单的概念，数据清单的建立，数据清单内容的排序、筛选、分类汇总，数据合并，数据透视表的建立。

7．工作表的页面设置、打印预览和打印，工作表中链接的建立。

8．保护和隐藏工作簿和工作表。

五、PowerPoint 的功能和使用

1．PowerPoint 2016 的基本功能、运行环境、启动和退出。

2．演示文稿的创建、打开、关闭和保存。

3．演示文稿视图的使用，幻灯片的基本操作（编辑版式、插入、移动、复制和删除）。

4．幻灯片的基本制作方法（文本、图片、艺术字、形状、表格等插入及格式化）。

5．演示文稿主题选用与幻灯片背景设置。

6．演示文稿放映设计（动画设计、放映方式设计、切换效果）。

7．演示文稿的打包和打印。

考试方式

上机考试，考试时长 90 分钟，满分 100 分。

一、题型及分值

（1）单项选择题（计算机基础知识和网络的基本知识）20 分

（2）Windows 7 操作系统的使用 10 分

（3）Word 2016 操作 25 分

（4）Excel 2016 操作 20 分

（5）PowerPoint 2016 操作 15 分

（6）浏览器（IE）的简单使用和电子邮件收发 10 分

二、考试环境

操作系统：Windows 7

软件版本：Microsoft Office 2016

全国计算机等级考试
一级 MS Office 样题

一、选择题（每小题 1 分，共 20 分，下列各题 A、B、C、D 四个选项中，只有一个选项是正确的，请选择一个正确的选项。）

1. 下列叙述中，正确的是（　　）。
   （A）高级程序设计语言的编译系统属于应用软件
   （B）高速缓冲存储器一般用 SRAM 来实现
   （C）CPU 可以直接存取硬盘中的数据
   （D）存储在 ROM 中的信息断电后会全部丢失

2. 下列存储器中，存取周期最短的是（　　）。
   （A）硬盘存储器　　　　　（B）CD-ROM　　　　（C）DRAM　　　　（D）SRAM

3. 全拼或简拼汉字输入法的编码属于（　　）。
   （A）音码　　　　　　　　（B）形声码　　　　（C）区位码　　　　（D）形码

4. 下列关于计算机病毒的叙述中，正确的是（　　）。
   （A）所有计算机病毒只在可执行文件中传染
   （B）计算机病毒可通过读写移动硬盘或 Internet 网络进行传播
   （C）只要把带毒优盘设置成只读状态，那么此盘上的病毒就不会因读盘而传染给另一台计算机
   （D）清除病毒的最简单的方法是删除已感染病毒的文件

5. 下列设备组中，完全属于输入设备的一组是（　　）。
   （A）喷墨打印机、显示器、键盘　　　　　　（B）扫描仪、键盘、鼠标器
   （C）键盘、鼠标器、绘图仪　　　　　　　　（D）打印机、键盘、显示器

6. 下列叙述中，正确的是（　　）。
   （A）一个字符的标准 ASCII 码占一个字节的存储量，其最高二进制总为 0
   （B）大写英文字母的 ASCII 码值大于小写英文字母的 ASCII 码值
   （C）同一个英文字母（如字母 A）的 ASCII 码和它在汉字系统下的全角内码是相同的
   （D）标准 ASCII 码表的每一个 ASCII 码都能在屏幕上显示一个相应的字符

7. 当前流行的 Pentium 4 CPU 的字长是（　　）。
   （A）8bits　　　　　　（B）16bits　　　　　（C）32bits　　　　（D）64bits

8. 已知汉字"中"的区位码是 5448，则其国标码是（　　）。
   （A）7468D　　　　　　（B）3630H　　　　　（C）6862H　　　　（D）5650H

9. 在下列网络的传输介质中，抗干扰能力最好的一个是（　　）。
   （A）光缆　　　　　　　　（B）同轴电缆　　　（C）双绞线　　　　（D）电话线

10. 按照数的进位制概念，下列各个数中正确的八进制是（　　）。
    （A）1101　　　　　　　（B）7081　　　　　（C）1109　　　　　（D）B03A

11. 下列叙述中，正确的是（   ）。

（A）高级语言编写的程序的可移植性差

（B）机器语言就是汇编语言，无非是名称不同而已

（C）指令是由一串二进制数 0、1 组成的

（D）用机器语言编写的程序可读性好

12. 调制解调器（Modem）的主要技术指标是数据传输速率，它的度量单位是（   ）。

（A）MIPS   （B）Mbit/s   （C）dpi   （D）KB

13. 下列不属于计算机特点的是（   ）。

（A）存储程序控制，工作自动化   （B）具有逻辑推理和判断能力

（C）处理速度快，存储量大   （D）不可靠，故障率高

14. 下列关于 CD-R 资源的描述中，错误的是（   ）。

（A）只能写入一次，可以反复读出的一次性写入资源

（B）可多次擦除型资源

（C）可以用来存储大量用户数据的，一次性写入的资源

（D）CD-R 是 Compact Disc Recordable 的缩写

15. 无符号二进制整数 111111 转换成十进制数是（   ）。

（A）71   （B）65   （C）63   （D）62

16. 下列的英文缩写和中文名称的对应中，错误的是（   ）。

（A）WAN——广域网   （B）ISP——因特网服务提供商

（C）USB——不间断电源   （D）RAM——随机存取存储器

17. 十进制数 100 转换成无符号二进制整数是（   ）。

（A）0110101   （B）01101000   （C）01100100   （D）01100110

18. 计算机软件系统包括（   ）。

（A）程序、数据和相关文档   （B）操作系统和办公软件

（C）数据库管理系统和编译系统   （D）系统软件和应用软件

19. 下列说法中，错误的是（   ）。

（A）硬盘驱动器和盘片是密封在一起的，不能随意更换盘片

（B）硬盘可以多张盘片组成的盘片组

（C）硬盘的技术指标除容量外，另一个是转速

（D）硬盘安装在机箱内，属于主机的组成部分

20. 下列各条中，对计算机操作系统的作用进行完整描述的是（   ）。

（A）它是用户与计算机的界面

（B）它对用户存储的文件进行管理，方便用户

（C）它执行用户键入的各类命令

（D）它管理计算机系统的全部软、硬件资源，合理组织计算机的工作流程，以达到充分发挥计算机资源的效率，为用户提供使用计算机的友好界面

二、Windows 的基本操作（10 分）

1. 在考生文件夹下创建名为 SAN.txt 的文本文件。

2. 删除考生文件夹下 TAME 文件夹中的 BIAO 文件夹。

3. 将考生文件夹下 MAC\TOOL 文件夹中的文件 APPL.exe 设置成只读属性。

4. 为考生文件夹下 JIAN 文件夹中的 GAS.exe 文件建立名为 KGAS 的快捷方式，并将其存放在考生文件夹下。

5. 搜索考生文件夹下的 WAB.xlsx 文件，然后将其复制到考生文件夹下的 JIAN 文件夹中。

三、Word 操作题（25 分）

打开考生文件夹下的文件 word.docx，做如下编辑和处理。

1. 将文中所有错词"业经"替换为"液晶"；将标题段文字（"专家预测大型 TFT 液晶显示器市场将复苏"）设置为小三号黑体、红色、加粗、居中并添加黄色阴影边框。

2. 将正文各段（"大型 TFT 液晶市场……超出需求量 20%左右。"）的中文文字设置为小四号宋体，英文文字设置为小四号 Arial，各段落左、右各缩进 0.5 字符，首行缩进 2 字符。

3. 将正文第二段（"美国 DisplaySearch 研究公司……轻微上扬的可能。"）分为等宽的两栏，栏宽设置为 18 字符。

4. 在表格的最右边增加一列，列宽 2 厘米，列标题为"总人数"；计算各门选修课程的总人数并插入到相应单元格内（注意：用 sum 公式）。

5. 将文档中表格内容的对齐方式设置为靠下两端对齐。

专家预测大型 TFT 业经显示器市场将复苏。
大型 TFT 业经市场已经开始趋向饱和，产品供大于求，价格正在下滑。不过，据美国 DisplaySearch 研究公司的研究结果显示，今年第四季将迎来大型 TFT 业经显示器市场的复苏。
美国 DisplaySearch 研究公司宣布了一项调查结果，结果显示今年下半年，全球范围内大型 TFT 业经显示器的供应量将比整体需求量高出不到百分之十。第三季度期间，TFT 业经显示器的价格下降幅度将有所缓慢。到第四季度，10 寸和 15 寸业经显示器的价格将会有轻微上扬的可能。
DisplaySearch 研究公司的总部设在美国德克萨斯的奥斯丁，该公司还预测由于更多的生产商转向小型 TFG 业经显示器的生产，而市场需求量并没有人们期望的那么高。世界小型 TFT 业经显示器市场将出现过于求的现象，供应量将超出需求量 20%左右。

选修课程名称	一系选修人数	二系选修人数	三系选修人数
计算方法	67	34	56
美术欣赏	64	73	65
西方经济学	25	65	46
管理信息系统	73	78	65

四、Excel 操作题（20 分）

1. 在考生文件夹下打开 excel.xlsx 文件。

（1）将工作表 sheet1 的 A1:D1 单元格合并为一个单元格，内容水平居中，分别计算各部门的人数（利用 COUNTIF 函数）和平均年龄（利用 SUMIF 函数），置于 F4:F6 和 G4:G6 单元格区域，利用套用表格格式将 E3:G6 数据区域设置为"表样式浅色 17"。

（2）选取"部门"列（E3:E6）和平均年龄列（G3:G6）内容，建立"三维簇状条形图"，图表标题为"平均年龄统计表"，删除图例；将图插入到表的 A19:F35 单元格区域内，将工作表命名为"企业人员情况表"，保存 excel.xlsx 文件。

2. 打开文件 exc.xlsx，对工作表"图书销售情况表"内数据清单的内容进行自动方式筛选，条件为各分部第一或第四季度，少儿类或社科类图书，对筛选后的数据清单按主要关键字"经销部门"的升序次序和次要关键字"销售额（元）"的降序次序进行排序，工作表名不变，保存 exc.xlsx 工作簿。

	A	B	C	D	E	F	G
1	某企业人员情况表						
2	职工号	部门	年龄	学历	部门	人数	平均年龄
3	S001	销售部	45	本科			
4	S002	研发部	34	硕士	销售部		
5	S003	工程部	42	博士	研发部		
6	S004	工程部	55	硕士	工程部		
7	S005	研发部	28	硕士			
8	S006	销售部	38	本科			
9	S007	工程部	31	硕士			
10	S008	研发部	27	博士			
11	S009	研发部	42	博士			
12	S010	销售部	51	本科			
13	S011	工程部	36	硕士			
14	S012	研发部	48	硕士			
15	S013	工程部	31	本科			
16	S014	工程部	46	本科			
17	S015	工程部	32	硕士			

Sheet1 / Sheet2 / Sheet3

	A	B	C	D	E	F
1	某图书销售公司销售情况表					
2	经销部门	图书类别	季度	数量(册)	销售额(元)	销售量排名
3	第3分部	计算机类	3	124	8680	42
4	第3分部	少儿类	2	321	9630	20
5	第1分部	社科类	2	435	21750	5
6	第2分部	计算机类	2	256	17920	26
7	第3分部	社科类	1	167	8350	40
8	第3分部	计算机类	4	157	10990	41
9	第1分部	计算机类	4	187	13090	38
10	第3分部	社科类	4	213	10650	32
11	第2分部	计算机类	4	196	13720	36
12	第1分部	社科类	4	219	10950	30
13	第2分部	计算机类	3	234	16380	28
14	第2分部	计算机类	1	206	14420	35
15	第1分部	社科类	2	211	10550	34
16	第3分部	社科类	3	189	9450	37

图书销售情况表 / Sheet2 / Sheet3

五、PowerPoint 操作题（15 分）

打开考生文件夹下的演示文稿 yswg.ppt，按照下列要求完成对此文稿的修饰并保存。

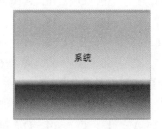

（1）将第 1 张幻灯片的版式改为"两栏内容"，将考生文件夹下的图片文件 ppt1.jpeg 插入到第 1 张幻灯片右侧的内容区，图片动画设置为"进入""旋转"，文本动画设置为"进入""曲线向上"。动画顺序为先文本后图片。设置第 2 张幻灯片的主标题为"财务通计费系统"，副标题为"成功推出一套专业计费解决方案"；主标题设置为"黑体"、58 磅字，副标题为 30 磅字；幻灯片背景填充效果预设颜色为"雨后初晴"，类型为"标题的阴影"。将第 2 张幻灯片设置为第 1 张幻灯片。

（2）使用"模块"主题修饰全文。全部幻灯片切换效果为"库"，效果选项为"自左侧"。设置放映方式为"观众自行浏览"。

六、Internet 操作题（10 分）

1. 浏览 http://LOCALHOST/DJKS/test.htm 页面，找到"笔记本资讯"的链接，单击进入子页面详细浏览，将"IBM T61"型号笔记本的配置信息拷贝到新建的文本文件 T61.txt 中，并将其放置在考生文件夹内。

2. 打开 Outlook Express，发送一封邮件。

地址：zhangsan@163.com。

主题：老同学。

正文：张三同学，好久不见，你现在怎么样？收到信后请回复。祝好！

第 5~8 章全真试题练习参考答案

第 5 章　全真试题练习参考答案

1. B	2. A	3. A	4. C	5. D	6. D	7. D	8. B	9. B
10. C	11. D	12. C	13. C	14. C	15. B	16. A	17. C	18. A
19. B	20. A	21. B	22. B	23. D	24. B	25. B	26. A	27. C
28. A	29. A	30. C	31. D	32. B	33. A	34. C	35. A	36. C
37. A	38. C	39. D	40. A	41. B	42. A	43. C	44. C	45. C
46. C	47. C	48. A	49. C	50. C	51. C	52. C	53. A	54. A
55. A	56. D	57. B	58. B	59. A	60. B	61. C	62. B	63. D
64. B	65. C	66. B	67. A	68. B	69. A			

第 6 章　全真试题练习参考答案

1. B	2. B	3. B	4. D	5. A	6. B	7. A	8. D	9. A	10. C
11. A	12. A	13. C	14. B	15. A	16. C	17. B	18. D	19. C	20. C
21. C	22. A	23. C	24. C	25. A	26. D	27. C	28. C	29. A	30. D
31. C	32. B	33. B	34. B	35. D	36. D	37. D	38. A	39. C	40. A
41. D	42. D	43. D	44. A	45. D	46. C	47. C			

第 7 章　全真试题练习参考答案

1. C	2. A	3. D	4. D	5. D	6. A	7. D	8. D	9. A	10. B
11. B	12. D	13. C	14. B	15. A	16. C	17. B	18. B	19. D	20. C
21. C	22. D	23. B	24. D	25. C	26. B	27. B	28. D	29. B	

第 8 章　全真试题练习参考答案

一、计算机网络基础知识真题

1. B	2. C	3. D	4. D	5. D	6. B	7. A	8. C	9. B
10. D	11. A	12. D	13. C	14. C	15. C	16. A	17. B	18. B

二、因特网应用真题

1. A	2. C	3. D	4. C	5. C	6. B	7. B	8. D	9. A
10. C	11. D	12. B	13. B	14. B	15. C	16. D	17. C	18. C
19. B	20. B	21. A	22. D	23. D	24. C	25. A	26. A	27. D
28. D	29. A	30. A	31. B	32. B	33. C	34. A	35. B	36. B
37. A	38. B	39. A	40. D	41. A	42. D	43. C	44. C	45. B
46. D	47. C	48. B	49. C	50. D	51. B	52. A	53. B	54. C
55. C	56. D	57. B	58. B	59. D				

三、操作题

答案略